化学工业出版社“十四五”普通高等教育规划教材

大型仪器实操实验教程

刘细霞　吴琴　郭倩　主编

化学工业出版社

·北京·

内容简介

《大型仪器实操实验教程》是一本面向生物、食品、分析化学相关专业本科生和研究生的实用实验操作指导教材。本书将通用型大型仪器纳入教材，共五章，分别是大型仪器实操实验基础知识、分析类大型仪器实验、分离类大型仪器实验、成像类大型仪器实验和其他大型仪器实验。包括23种不同的大型仪器，包含仪器的工作原理、操作过程、注意事项、故障维修方法和应用案例。

本书可作为高等院校食品类、生物类、化学类专业师生的实验教材，也可作为相关企业、科研院所的科研工作者的参考用书。

图书在版编目（CIP）数据

大型仪器实操实验教程 / 刘细霞，吴琴，郭倩主编. 北京：化学工业出版社，2025. 9. -- （化学工业出版社“十四五”普通高等教育规划教材）. -- ISBN 978-7-122-49082-7

I. O6-32

中国国家版本馆 CIP 数据核字第 2025Y8V177 号

责任编辑：尤彩霞　甘九林　王　琪　　文字编辑：申　莉　药欣荣
责任校对：杜杏然　　装帧设计：韩　飞

出版发行：化学工业出版社
（北京市东城区青年湖南街 13 号　邮政编码 100011）
印　　装：北京科印技术咨询服务有限公司数码印刷分部
787mm×1092mm　1/16　印张 10¼　字数 246 千字
2025 年 10 月北京第 1 版第 1 次印刷

购书咨询：010-64518888　　售后服务：010-64518899
网　　址：http://www.cip.com.cn
凡购买本书，如有缺损质量问题，本社销售中心负责调换。

定　　价：49.00 元

《大型仪器实操实验教程》编写人员

主　编　刘细霞（湖北师范大学）

　　　　　吴　琴（湖北师范大学）

　　　　　郭　倩（湖北师范大学）

参　编　李永淑（湖北师范大学）

　　　　　刘　焕（湖北师范大学）

　　　　　孙逸雯（湖北师范大学）

　　　　　刘　军（湖北师范大学）

　　　　　汪平权（湖北师范大学）

　　　　　邵海晨（湖北师范大学）

　　　　　侯建军（湖北师范大学）

前言

随着《教育强国建设规划纲要（2024—2035 年）》的印发，我国对理工科专业人才实践能力的培养提出了更高要求。大型仪器是支撑本科人才实验能力培养的有力工具，在生物学、化学、医学、食品科学与工程、材料科学等专业本科生培养中发挥着重要作用。大型仪器的共同特征是在相同的检测原理下，可以检测多种不同类型的样品，其检测方法具有通用性。但是针对不同的样品，需匹配专属的技术参数。即便不同厂商生产的同类型仪器存在操作界面与流程的差异，其核心工作原理仍保持高度一致。因此，本教材内容涉及的仪器操作部分只以某一公司生产的仪器操作方法为示范，教材重点介绍仪器操作的基本步骤。学生只有掌握仪器操作方法后才能再进行科学探究和技术创新。

大型仪器实操实验基础知识旨在为大型仪器实操实验奠定基础。在实验规则部分，强调实验室安全规范、仪器使用预约与登记等要求，这不仅是保障实验有序开展的必要举措，更体现了“人民至上、生命至上”的安全发展理念；在药品称量环节，介绍称量技巧及注意事项，基于严谨的操作要求，培养学生恪守科研规范、坚守学术诚信的责任担当；试剂配制方法涵盖常见溶液、缓冲液等的配制步骤、计算方法与储存条件，确保试剂质量的同时，培养学生精益求精的工匠精神；在实验误差与数据处理方面，讲解误差来源、分类，以及有效数据、误差分析方法，并介绍数据记录、整理与图表绘制技巧，引导学生树立求真务实的科学精神，以严谨的态度对待每一组数据，提高实验结果的可靠性与准确性，为后续各章节具体的大型仪器实操实验提供坚实的理论支撑。

熟练掌握大型仪器操作与应用技能，不仅是探索生命奥秘、研发创新成果、保障生命健康的尖端利器，更是我国提升原始创新能力、实现高水平科技自立自强的关键支撑。本书以“为党育人、为国育才”为根本目标，致力于培养兼具精湛技艺与卓越品格的大型仪器应用型专门人才。在仪器操作过程中，每一次精准的校准、每一份可靠的数据、每一次规范的安全防护，都关乎科研的诚信、创新的效率乃至国家的经费投入。因此，本书将科技报国的使命感、求真务实的科学精神、安全第一的责任意识、团结协作的团队理念以及精益求精的工匠品质贯穿始终。期待学习者在精进仪器应用技术的同时，厚植家国情怀，筑牢科研道德底线，提升综合素养，实现个人价值，投入服务国家科技发展和人民生命健康的伟大事业中。

鉴于时间仓促，编者水平有限，书中不足之处在所难免，敬请读者指正。

编　者

2025 年 5 月 31 日

目录

第 1 章
大型仪器实操实验基础知识 / 1

1.1 实验规则 …… **1**
1.1.1 人员管理 …… 1
1.1.2 仪器设备管理 …… 1
1.1.3 实验室环境与安全 …… 2
1.1.4 实验操作流程 …… 2
1.1.5 应急措施 …… 2
1.1.6 其他规则 …… 2
1.2 药品称量 …… **2**
1.2.1 通用称量原则 …… 2
1.2.2 各类实验药品称量方法实例 …… 3
1.2.3 注意事项 …… 4
1.3 试剂配制方法 …… **5**
1.3.1 色谱类实验试剂 …… 5
1.3.2 光谱类实验试剂 …… 5
1.3.3 分离类实验试剂 …… 6
1.3.4 其他实验试剂 …… 6
1.4 实验误差与数据处理 …… **7**
1.4.1 色谱类仪器实验 …… 7
1.4.2 光谱类仪器实验 …… 8
1.4.3 分离类仪器实验 …… 8
1.4.4 其他仪器实验 …… 8
1.5 练习题 …… **10**

第 2 章
分析类大型仪器实验 / 11

2.1 实验 1：高效液相色谱仪实验 …… **11**
2.1.1 仪器工作原理 …… 12

2.1.2 仪器操作过程 …… 12
2.1.3 仪器故障维修方法 …… 13
2.1.4 注意事项 …… 14
2.1.5 高效液相色谱仪实验案例——检测金银花提取物中绿原酸的含量 …… 14
2.1.6 练习题 …… 16
2.2 实验 2：气相色谱仪实验 …… 17
2.2.1 仪器工作原理 …… 17
2.2.2 仪器操作过程 …… 17
2.2.3 仪器故障维修方法 …… 18
2.2.4 注意事项 …… 19
2.2.5 气相色谱仪的应用案例——检测小鼠粪便中丁酸的含量 …… 19
2.2.6 练习题 …… 22
2.3 实验 3：紫外-可见光谱仪实验 …… 23
2.3.1 仪器工作原理 …… 23
2.3.2 仪器操作过程 …… 23
2.3.3 仪器故障维修方法 …… 26
2.3.4 注意事项 …… 26
2.3.5 紫外-可见分光光度计实验案例 …… 26
2.3.6 练习题 …… 29
2.4 实验 4：流式细胞仪实验 …… 30
2.4.1 仪器工作原理 …… 30
2.4.2 仪器操作过程 …… 30
2.4.3 仪器故障维修方法 …… 31
2.4.4 注意事项 …… 32
2.4.5 流式细胞仪的应用案例——$CD3^+$ $CD8^+$ T 细胞分析 …… 32
2.4.6 练习题 …… 33
2.5 实验 5：核酸蛋白测定仪实验 …… 35
2.5.1 仪器工作原理 …… 35
2.5.2 仪器操作过程 …… 35
2.5.3 仪器使用注意事项 …… 36
2.5.4 核酸蛋白测定仪的应用案例——斑马鱼胚胎 RNA 含量的检测 …… 38
2.5.5 练习题 …… 39
2.6 实验 6：等温滴定量热仪实验 …… 40
2.6.1 仪器工作原理 …… 40
2.6.2 仪器操作过程 …… 40
2.6.3 仪器故障维修方法 …… 42
2.6.4 注意事项 …… 42
2.6.5 等温滴定量热仪的应用案例——检测细交链孢菌酮酸适配体的亲和力 …… 42
2.6.6 练习题 …… 44
2.7 实验 7：分子互作仪实验 …… 44

2.7.1 仪器工作原理 …… 45
2.7.2 仪器操作过程 …… 45
2.7.3 仪器故障维修方法 …… 47
2.7.4 注意事项 …… 48
2.7.5 分子互作仪实验案例——基于 LSPR 确证分析赭曲霉毒素 A 替代型核酸适配体（apt2-OT）的亲和力 …… 48
2.7.6 练习题 …… 49
2.8 实验 8：实时荧光定量 PCR 实验 …… 50
2.8.1 仪器工作原理 …… 50
2.8.2 仪器操作过程 …… 51
2.8.3 仪器使用注意事项 …… 51
2.8.4 实时荧光定量 PCR 仪的应用案例——斑马鱼胚胎 *gapdh* 和 *gap 43* 基因表达水平检测 …… 52
2.8.5 练习题 …… 58
2.9 实验 9：傅里叶近红外光谱仪实验 …… 58
2.9.1 仪器工作原理 …… 59
2.9.2 仪器操作过程 …… 59
2.9.3 傅里叶近红外光谱仪的应用案例——酪蛋白二级结构的分析 …… 60
2.9.4 练习题 …… 66
2.10 实验 10：薄层色谱仪实验 …… 66
2.10.1 仪器工作原理 …… 66
2.10.2 仪器操作过程 …… 66
2.10.3 仪器故障维修方法 …… 73
2.10.4 注意事项 …… 74
2.10.5 练习题 …… 74
2.11 实验 11：质构仪实验 …… 75
2.11.1 仪器工作原理 …… 75
2.11.2 仪器操作过程 …… 75
2.11.3 仪器故障维修方法 …… 78
2.11.4 注意事项 …… 78
2.11.5 质构仪的应用案例——基于 TMS-Pro 质构仪的不同品种苹果硬度的测定与比较 …… 79
2.11.6 练习题 …… 80
2.12 实验 12：多功能酶标仪实验 …… 81
2.12.1 仪器工作原理 …… 81
2.12.2 仪器操作过程 …… 82
2.12.3 仪器故障维修方法 …… 85
2.12.4 注意事项 …… 85
2.12.5 多功能酶标仪实验案例——确定染料的最大吸收波长和浓度 …… 85
2.12.6 练习题 …… 86

2.13 实验 13：YSI 多参数水质分析仪实验案例 …… 87
2.13.1 仪器工作原理 …… 87
2.13.2 仪器操作过程 …… 88
2.13.3 仪器故障维修方法 …… 89
2.13.4 注意事项 …… 89
2.13.5 YSI 多参数水质分析仪的应用案例——磁湖水理化指标监测 …… 90
2.13.6 练习题 …… 95

第 3 章
分离类大型仪器实验 / 97

3.1 实验 14：半制备型液相色谱实验 …… 97
3.1.1 仪器工作原理 …… 97
3.1.2 仪器操作过程 …… 97
3.1.3 仪器故障维修方法 …… 99
3.1.4 注意事项 …… 99
3.1.5 半制备液相色谱仪的应用案例 …… 99
3.1.6 练习题 …… 101
3.2 实验 15：蛋白质纯化仪实验 …… 102
3.2.1 蛋白质纯化仪工作原理 …… 102
3.2.2 仪器操作过程 …… 102
3.2.3 仪器故障维修方法 …… 103
3.2.4 注意事项 …… 104
3.2.5 蛋白质纯化仪的应用案例——ÄKTA avant 25 纯化组氨酸标记（His-tag）重组蛋白 …… 104
3.2.6 练习题 …… 106
3.3 实验 16：超高速离心机实验 …… 107
3.3.1 仪器工作原理 …… 107
3.3.2 仪器操作步骤 …… 108
3.3.3 仪器故障维修方法 …… 109
3.3.4 注意事项 …… 109
3.3.5 超速离心机应用案例 …… 110
3.3.6 练习题 …… 111
3.4 实验 17：蛋白质电泳实验 …… 111
3.4.1 仪器工作原理 …… 112
3.4.2 仪器操作过程 …… 112
3.4.3 仪器故障维修方法 …… 113
3.4.4 注意事项 …… 114
3.4.5 蛋白质电泳仪实验案例 …… 115
3.4.6 练习题 …… 115

3.5 实验 18：核酸电泳仪实验 …… 116
3.5.1 仪器工作原理 …… 116
3.5.2 仪器操作过程 …… 117
3.5.3 仪器故障维修方法 …… 117
3.5.4 注意事项 …… 117
3.5.5 核酸电泳仪实验案例——PCR 扩增产物的鉴定 …… 117
3.5.6 练习题 …… 119

第 4 章
成像类大型仪器实验 / 120

4.1 实验 19：凝胶成像仪实验 …… 120
4.1.1 仪器工作原理 …… 120
4.1.2 仪器操作过程 …… 121
4.1.3 仪器故障维修方法 …… 122
4.1.4 注意事项 …… 123
4.1.5 化学发光凝胶成像系统实验的应用案例——Western blot 检测蛋白表达量差异 …… 124
4.1.6 练习题 …… 125
4.2 实验 20：体视荧光显微镜实验 …… 126
4.2.1 仪器工作原理 …… 126
4.2.2 仪器操作过程 …… 126
4.2.3 仪器使用注意事项 …… 127
4.2.4 体视荧光显微镜应用案例——斑马鱼仔鱼吖啶橙（AO）染色观察细胞凋亡情况 …… 128
4.2.5 练习题 …… 129
4.3 实验 21：动物行为分析仪实验 …… 130
4.3.1 仪器工作原理 …… 130
4.3.2 仪器操作过程 …… 130
4.3.3 仪器使用注意事项 …… 131
4.3.4 动物行为分析仪的应用案例——斑马鱼仔鱼 5min 内游泳行为情况检测 …… 131
4.3.5 练习题 …… 142

第 5 章
其他大型仪器实验 / 143

5.1 实验 22：电转化仪实验 …… 143
5.1.1 仪器工作原理 …… 143
5.1.2 仪器操作过程 …… 144
5.1.3 仪器故障维修方法 …… 144

5.1.4　注意事项 …… 145
5.1.5　电转化仪实验案例 …… 146
5.1.6　练习题 …… 146
5.2　实验 23：蛋白质转印仪实验 …… 147
5.2.1　仪器工作原理 …… 148
5.2.2　仪器操作过程 …… 148
5.2.3　仪器故障维修方法 …… 149
5.2.4　注意事项 …… 150
5.2.5　蛋白质转印仪实验案例——Western blot 检测细胞中某蛋白表达 …… 150
5.2.6　练习题 …… 151

参考文献 / 153

参考答案

第1章

大型仪器实操实验基础知识

教学目标： 熟悉大型仪器实操实验基础知识，掌握各类实验中的药品称量方法、数据处理方法和注意事项。

本章学习重点： 待称量药品用量的计算方法和数据处理方法。

1.1 实验规则

1.1.1 人员管理

① 资质要求　必须经过专业培训，并经考核合格，方可获得仪器操作资格。

② 准入制度　未通过实验室安全考试和未获得大型仪器操作授权的人员，不得进入实验室。进入实验室的人员必须穿着实验服，佩戴必要的防护装备，如手套、口罩、护目镜、防毒面具等。

③ 操作规范　操作人员必须严格按照仪器的操作规程进行操作，未经许可不得改装或拆卸仪器。

1.1.2 仪器设备管理

① 专人管理　大型仪器设备实行专人管理，管理人员负责仪器的日常维护、保养及使用记录。

② 使用记录　每次仪器使用后，必须详细记录使用时间、样品编号、样品类型、仪器状态参数等基本信息。发现异常应立即停止使用，并上报仪器管理员。

③ 定期维护　仪器设备应定期进行清洁、保养和校准，确保仪器处于良好状态。

1.1.3 实验室环境与安全

① 环境要求 实验室应保持清洁、干燥，温湿度应符合大型仪器设备的要求。仪器使用完毕后，及时清洁并盖上防尘罩。

② 安全意识 实验室严禁吸烟及明火作业，使用易燃易爆气体时必须严格遵守安全管理规则，定期检查气路系统。

③ 废弃物处理 实验产生的废弃物应分类存放，规范处理，有害废弃物不得随意丢弃，须按照国家环保标准进行处置。

1.1.4 实验操作流程

① 样品管理 样品应按照规定进行编号、登记，并妥善保存。检测样品和留存样品应分开存放。

② 操作规范 实验过程中应严格按照标准操作规程进行，确保数据的准确性和可靠性。使用仪器前须检查仪器状态，确认正常后方可开始正式实验，确保测试结果的准确性。

③ 数据管理 实验数据应实时记录，确保数据的完整性和可追溯性。使用信息管理系统时，应确保系统的安全性、完整性和正确性。

1.1.5 应急措施

① 紧急情况处理 实验楼应配备紧急喷淋装置，实验室应配备灭火器材、防护用具及急救药品，人员应熟悉其使用方法。如遇紧急情况，应立即采取措施并报告。

② 仪器故障处理 仪器出现故障时，应立即停用并通知管理人员，不得擅自处理。

1.1.6 其他规则

① 实验室纪律 实验室人员应严格遵守实验室纪律，保持良好的实验习惯，实验结束后及时清理台面，正确处理废弃物，避免对实验室环境造成污染。

② 资源管理 实验室内的试剂、耗材等应妥善管理，使用后及时归位，避免浪费。

以上规则旨在确保大型仪器实操实验室安全、高效运行，所有进入实验室的人员必须严格遵守实验室安全和仪器管理规定，养成良好的实验习惯，确保实验的连续性和实验结果的准确性，培养求真务实的科研态度和科技报国的创新精神。

1.2 药品称量

1.2.1 通用称量原则

① 仪器选择 根据药品称量精度需求，选择合适的天平。微量称量（<100mg）使用十万分之一或百万分之一的电子天平；常规称量（100mg～1g）用万分之一的电子天平；较

大质量称量（>1g）可用千分之一的电子天平。

② 环境要求　在洁净、干燥、温度和湿度相对稳定的环境中进行称量，避免气流、振动干扰天平的稳定性。称量前，天平需预热 30min 以上并校准。

③ 防护措施　佩戴手套、口罩等防护用具，腐蚀性、毒性药品应在通风橱内操作，防止药品接触皮肤或被吸入。

1.2.2 各类实验药品称量方法实例

（1）液相色谱仪及半制备型液相色谱仪实验

色谱仪中使用的试剂，必须选择标有“色谱纯”的试剂，避免试剂误用造成仪器故障。盐类和有机溶剂流动相的称量方法如下：

① 缓冲盐称量　配制 0.05mol/L 磷酸二氢钾溶液 1L。计算所需磷酸二氢钾的质量为 6.8g（$m=nM=0.05\text{mol/L}\times1\text{L}\times136.09\text{g/mol}=6.8\text{g}$）。

用万分之一的电子天平称取 6.8000g 磷酸二氢钾于洁净烧杯，采用减量法称量：先称取稍多于 6.8g 药品于称量瓶，盖上瓶盖称总质量 m_1；再轻敲瓶口，缓慢倾斜瓶口将部分样品倒入烧杯，盖好瓶盖称剩余药品及称量瓶总质量 m_2，（m_1-m_2）即为转移至烧杯中药品的质量。

② 有机溶剂称量　配制乙腈-水流动相。对于乙腈等有机溶剂，用量筒量取体积后，可通过密度（乙腈密度为 0.786g/mL）换算质量来验证称量的准确性，或使用高精度密度计测量密度以辅助校准体积。

（2）气相色谱仪及薄层色谱仪实验

① 挥发性有机物称量　采用密封容器称量法，将挥发性有机物样品（如正己烷、丙酮）置于带盖玻璃小瓶中，在天平上先称量空瓶质量，再缓慢加入样品至目标质量，迅速盖紧瓶盖，记录总质量，避免挥发损失。

② 展开剂组分称量　对于石油醚、乙酸乙酯等展开剂组分，若需精确配比，可先将液体转移至带刻度的密度瓶进行称量，根据密度计算体积，确保比例准确。

（3）光谱类实验（紫外-可见光谱仪、荧光光谱仪、傅里叶红外光谱仪）

① 标准品称量　配制铁标准溶液 500mL（100μg/mL）。称取 0.4317g 硫酸铁铵（$M=482.19\text{g/mol}$），使用万分之一的电子天平，采用直接称量法：将洁净称量纸或小烧杯置于天平上，归零后缓慢加入药品至目标质量，记录数据。转移药品时用洗瓶冲洗称量工具，确保药品完全转移。

② 溴化钾称量（红外光谱仪实验）　称取 200～300mg 光谱纯溴化钾用于压片，使用万分之一的电子天平，称量前将溴化钾在干燥器中平衡至室温，避免吸潮影响称量准确性。

（4）分离类实验（蛋白质纯化仪、蛋白质/核酸电泳仪）

① Tris（三羟甲基氨基甲烷）、甘氨酸等试剂称量　称取 Tris、甘氨酸等固体试剂，用万分之一的电子天平，采用直接称量法。为避免试剂污染天平，可在天平盘上垫称量纸或使用小烧杯。若需大量配制缓冲液，可先计算总质量，分多次称量累加。

② SDS（十二烷基硫酸钠）称量　SDS 易吸潮，称量时应快速操作，用称量纸包裹药匙取试剂，尽量减少暴露时间，称量后立即密封试剂瓶。

（5）流式细胞仪实验

多聚甲醛称量：称取 4g 多聚甲醛配制 4% 的固定液，在通风橱内操作。多聚甲醛粉末细小易飞扬，需佩戴口罩和手套，用称量纸称量，边搅拌边缓慢加入热水（60～80℃）助溶，避免粉末结块。

（6）等温滴定量热仪及分子互作仪实验

HEPES（4-羟乙基哌嗪乙磺酸）、NaCl 等缓冲液组分称量：称取 HEPES、NaCl 等试剂，用万分之一的电子天平。对于易潮解的 HEPES，称量后应迅速转移至容器，以减少水分的影响。

（7）凝胶成像系统实验

考马斯亮蓝称量：称取 0.25g 考马斯亮蓝 R-250，用万分之一的电子天平，在通风橱内操作。考马斯亮蓝粉末易产生粉尘，称量后应及时密封，避免吸入或污染环境。

（8）电转化仪及蛋白质转印仪实验

甘油称量：配制 10%甘油溶液，先用量筒量取甘油，若需质量精确，可将量取后的甘油倒入已知质量的烧杯中，用天平称量甘油与烧杯的总质量，减去烧杯质量得到甘油质量。

1.2.3 注意事项

（1）天平的使用与维护

① 天平应放置在平稳、干燥、无振动、无强磁场和无腐蚀性气体的环境中，避免阳光直射和空气对流。

② 定期对天平进行校准和维护，确保其准确性和稳定性。校准周期根据天平的使用频率和精度要求而定，一般建议每月或每季度校准一次。

③ 每次使用天平前需要观察天平是否平衡，即观察天平水准泡是否居中，如未平衡，可以通过旋转天平底部的调平螺丝调至平衡位置。

（2）药品的取用与保存

① 取用药品时，应使用干净的药匙或镊子，避免用手直接接触药品，防止药品被污染或对人体造成伤害。

② 药品应妥善保存在原瓶中，密封良好，避免药品受潮、氧化或挥发。对于易变质的药品，应尽量减少其暴露在空气中的时间。

③ 不同性质的药品应分类存放，避免相互污染或发生化学反应。例如，酸性药品与碱性药品应分开存放，氧化剂与还原剂应避免接触。

（3）操作人员的防护

① 操作人员在称量药品时，应佩戴适当的防护装备，如手套、口罩、护目镜等，特别是当称量有毒、有害或刺激性药品时，更要加强防护措施。

② 操作人员应熟悉药品的性质和危害，了解应急处理方法，以便在发生意外时能够及时采取措施。

（4）数据记录的准确性

① 称量数据应准确记录，包括药品名称、质量、称量日期等信息，以便对实验结果进行追溯和分析。

② 对于高精度的称量操作，应考虑天平的精度、环境因素（如温度、湿度）对称量结果的影响，并采取相应的措施进行校准和补偿。

1.3 试剂配制方法

1.3.1 色谱类实验试剂

（1）液相色谱仪实验

① 反相液相色谱常用流动相　乙腈-水体系，例如配制70%乙腈-30%水（体积分数），用量筒分别量取70mL色谱纯乙腈和30mL超纯水，混合均匀后，使用0.22μm有机系滤膜过滤，超声脱气15～20min。

② 缓冲盐流动相　如0.05mol/L磷酸二氢钾溶液1L，称取6.8g磷酸二氢钾（分析纯），加入适量超纯水溶解，转移至1000mL容量瓶中定容，用磷酸或氢氧化钾调节pH至所需值（如pH为3.0），经0.45μm水系滤膜过滤，超声脱气15～20min。

（2）气相色谱仪实验

① 载气　高纯氮气、氢气等载气使用前须经净化装置处理，确保气体纯度。

② 样品溶液配制　称取适量样品（如挥发性有机物）于容量瓶中，用色谱纯甲醇或二氯甲烷溶解并定容，配制成合适浓度（如10μg/mL）的标准溶液或样品溶液。

（3）薄层色谱仪实验

① 正相薄层色谱常用展开剂　石油醚-乙酸乙酯体系，如配制100mL石油醚∶乙酸乙酯=8∶2（体积比）的展开剂，用量筒分别量取80mL石油醚和20mL乙酸乙酯，混合均匀。

② 反相薄层色谱常用展开剂　甲醇-水体系，如甲醇∶水=6∶4（体积比），按比例混合后使用。

（4）制备型液相色谱仪实验

流动相配制：与普通液相色谱类似，但需根据分离样品的性质和目标，可能会使用更大体积的流动相。如配制1L含0.1%三氟乙酸的乙腈-水（体积比为1∶1）流动相，先量取500mL色谱纯乙腈和500mL超纯水，加入1mL三氟乙酸，混合后过滤、脱气。

1.3.2 光谱类实验试剂

（1）紫外-可见光谱仪实验

① 标准溶液配制　以测定铁含量为例，配制铁标准溶液：称取0.8634g硫酸铁铵[$NH_4Fe(SO_4)_2 \cdot 12H_2O$]置于100mL烧杯中，加入50mL 0.1mol/L硫酸溶液，搅拌至完全溶解（可温水浴加热，冷却后转移）。转移至1000mL容量瓶中，用0.1mol/L硫酸溶液洗涤烧杯和玻璃棒3次，洗涤液并入容量瓶，定容至刻度线，摇匀，制得100μg/mL的铁标准母液，再逐级稀释得到不同浓度的标准工作溶液（如1μg/mL、2μg/mL等）。

② 样品溶液的配制　称取适量样品，用合适的溶剂（如乙醇、水等）溶解，必要时进行过滤或离心处理，取上清液作为样品溶液。

（2）荧光光谱仪实验

① 荧光探针溶液的配制　称取一定量荧光探针（如罗丹明B），用无水乙醇溶解并定容至合适浓度（如1×10^{-5}mol/L），避光保存。

② 缓冲溶液　配制 pH 为 7.4 的磷酸盐缓冲溶液（PBS），称取 8g NaCl、0.2g KCl、1.44g Na_2HPO_4 和 0.24g KH_2PO_4，加入 800mL 超纯水溶解，用 HCl 或 NaOH 调节 pH 至 7.4，定容至 1000mL。

（3）傅里叶红外光谱仪实验

① 溴化钾（光谱纯）　在 120℃下干燥 4h 以上，冷却后备用。

② 样品-溴化钾混合粉末　用十万分之一的电子天平称取 1～2mg 样品（精确至 0.1mg）和 200～300mg 干燥后的溴化钾，分别置于玛瑙研钵中。先将样品单独研磨至细腻无颗粒感，再加入溴化钾，继续研磨 5～10min，其间不断用研杵翻动粉末，直至混合物颜色均匀一致（无样品结块）。研磨完成后，应立即用于压片，避免长时间暴露在空气中吸湿。

1.3.3　分离类实验试剂

（1）蛋白质纯化仪实验

① 平衡缓冲液　20mmol/L Tris-HCl（pH 为 7.5），150mmol/L NaCl。称取 2.42g Tris、8.77g NaCl，加入适量超纯水溶解，用 HCl 调节 pH 至 7.5，定容至 1000mL。

② 洗脱缓冲液　在平衡缓冲液基础上，加入不同浓度的咪唑（如 0～500mmol/L）用于洗脱结合的蛋白质，如配制含 200mmol/L 咪唑的洗脱缓冲液，称取 13.61g 咪唑，加入平衡缓冲液中溶解并定容。

（2）超高速离心机实验

离心缓冲液：根据样品需求配制，如 0.1mol/L 磷酸缓冲液（pH 7.7），称取 12.29g 磷酸氢二钠、3.39g 磷酸二氢钠，加水溶解后定容至 1000mL。

（3）蛋白质电泳实验

① 分离胶缓冲液（1.5mol/L Tris -HCl，pH 8.8）　称取 18.17g Tris，加入 80mL 超纯水溶解，用 HCl 调节 pH 至 8.8，定容至 100mL。

② 浓缩胶缓冲液（0.5mol/L Tris-HCl，pH 6.8）　称取 6.06g Tris，加水溶解后用 HCl 调节 pH 至 6.8，定容至 100mL。

③ 电泳缓冲液（Tris-甘氨酸缓冲液）　称取 15.1g Tris、94g 甘氨酸，加入 50mL 10% SDS 溶液，加水定容至 1000mL。

（4）核酸电泳实验

① 50×TAE 缓冲液　称取 242g Tris、57.1mL 冰乙酸、100mL 0.5mol/L EDTA（乙二胺四乙酸）（pH 为 8.0），加水溶解后定容至 1000mL。使用时稀释 50 倍为 1×TAE 工作缓冲液。

② 核酸上样缓冲液（6×）　0.25%溴酚蓝、0.25%二甲苯青（也叫二甲苯蓝 FF）FF、30%甘油水溶液，按比例混合均匀。

1.3.4　其他实验试剂

（1）流式细胞仪实验

① PBS 缓冲液　同荧光光谱仪实验中 PBS 配制方法。

② 固定液　4%多聚甲醛溶液，称取 4g 多聚甲醛，加入适量 PBS 加热搅拌溶解，冷却后用 PBS 定容至 100mL，调节 pH 至 7.2～7.4。

（2）核酸蛋白测定仪实验

① 标准蛋白溶液　牛血清白蛋白（BSA）标准溶液，称取 10mg BSA，用 PBS 溶解并定容至 10mL，得到 1mg/mL 的标准溶液，再逐级稀释得到不同浓度的标准工作液。

② 标准核酸溶液　如 DNA 标准溶液，称取适量 DNA 样品，用 TE 缓冲液（10mmol/L Tris-HCl，1mmol/L EDTA，pH 为 8.0）溶解并配制合适浓度。

（3）等温滴定量热仪实验

缓冲溶液：根据实验体系需求配制，如 20mmol/L HEPES（pH 7.5）、150mmol/L NaCl 缓冲液 1L。称取 4.76g HEPES、8.77g NaCl，加水溶解后用 NaOH 调节 pH 至 7.5，定容至 1000mL。

（4）分子互作仪实验

运行缓冲液：如 10mmol/L HEPES（pH 7.4），150mmol/L NaCl，3mmol/L EDTA，按比例称取试剂溶解定容，过滤备用。

（5）多功能酶标仪实验

底物溶液：以 ELISA 实验为例，如 TMB 底物溶液，根据试剂盒说明书配制，一般包含 TMB、过氧化氢等成分 。

（6）YSI 水质分析仪实验

① 溶解氧标准溶液　如饱和溶解氧溶液，在一定温度下，将空气充分通入纯水中，达到饱和状态后测定其溶解氧浓度。

② pH 标准缓冲溶液　购买商品化 pH 为 4.00、7.00、10.00 的标准缓冲粉，按说明溶解定容。

（7）凝胶成像系统实验

凝胶染色液：考马斯亮蓝染色液，称取 0.25g 考马斯亮蓝 R-250，加入 45mL 甲醇、10mL 冰乙酸和 45mL 水，搅拌溶解后过滤备用。

（8）荧光显微镜实验

封片液：含抗荧光淬灭剂的甘油封片液，将 9 份甘油与 1 份 PBS 混合，加入适量抗荧光淬灭剂（如 DABCO），搅拌均匀。

（9）电转化仪实验

电转化缓冲液：10%甘油溶液，量取 100mL 甘油，加水定容至 1000mL，过滤除菌后备用。

（10）蛋白质转印仪实验

转印缓冲液：含 25mmol/L Tris、192mmol/L 甘氨酸、20%甲醇，称取 3.03g Tris、14.4g 甘氨酸，加入 200mL 甲醇，加水定容至 1000mL。

以上试剂的配制方法需根据具体实验要求、仪器型号及试剂说明书进行适当调整，配制过程中应注意试剂纯度、称量准确性及操作规范性。

1.4 实验误差与数据处理

1.4.1 色谱类仪器实验

（1）系统误差处理

① 仪器校准　定期使用标准物质（如色谱纯化合物）对色谱仪进行校准，检查保留时

间、峰面积等参数的准确性，若出现偏差，及时调整仪器参数或维修。

② 流动相和载气纯度　确保流动相和载气纯度，使用前进行过滤和脱气处理，避免杂质引起误差。

（2）随机误差处理

① 多次测量　对同一样品进行至少 3 次平行测定，计算平均值和标准偏差。若某次测量值与平均值偏差过大（如超过 3 倍标准偏差），可根据 Q 检验法判断是否为异常值，若为异常值则舍去。

② 数据统计　采用统计学方法，如计算相对标准偏差（RSD），评估测量结果的精密度，RSD 一般应控制在一定范围内（如小于 3%）。

1.4.2 光谱类仪器实验

（1）系统误差处理

① 波长校准　使用标准物质（如钬玻璃）对仪器波长进行校准，钬玻璃在 279.4 nm、536.2 nm 等处有尖锐的吸收峰。调整光路或软件参数，确保仪器报告的峰值与标准值一致。

② 背景扣除　测量样品前，先测量空白样品（溶剂）的光谱，从样品光谱中扣除空白光谱，以消除溶剂和仪器背景的影响。

（2）随机误差处理

① 控制实验条件　保持温度、湿度等实验环境条件稳定，减少因环境变化导致的误差。

② 多次扫描平均　对样品进行多次光谱扫描，将扫描结果进行平均，以降低随机噪声的影响。

1.4.3 分离类仪器实验

（1）系统误差处理

① 纯化条件优化　在蛋白质纯化实验中，根据目标蛋白的性质优化纯化条件（如色谱柱类型、洗脱液组成等），避免因条件不合适导致的分离效果不佳和数据误差。

② 离心机参数校准　定期校准超高速离心机的转速和温度，确保离心条件的准确性。

（2）随机误差处理

① 平行实验　进行平行纯化或离心实验，对比实验结果，分析误差来源。

② 电泳结果分析　在蛋白质和核酸电泳实验中，使用内参或标准分子量标志物进行对照，对电泳条带进行定量分析时，应多次测量条带灰度值，取平均值以减少误差。

1.4.4 其他仪器实验

（1）等温滴定量热仪实验

① 系统误差　校准仪器的温度传感器和热量传感器，确保温度控制和热量测量的准确性。每次实验前进行空白滴定，扣除仪器和溶剂的本底热效应。

② 随机误差　重复滴定实验，一般至少进行 3 次，计算反应焓变、结合常数等参数的平均值和标准偏差，评估实验结果的可靠性。

（2）分子互作仪实验

① 系统误差　使用标准样品（如已知结合常数的蛋白-配体对）验证仪器的准确性，确保样品的制备和注射过程标准化，避免因操作不当引起误差。

② 随机误差　进行多次独立实验，分析不同实验间的数据差异，采用合适的数据拟合模型（如 Langmuir 模型）处理数据，降低随机误差对结合参数计算的影响。

（3）荧光定量 PCR 实验

① 系统误差　使用标准品制作标准曲线，校准荧光定量 PCR 仪的检测灵敏度和准确性。严格控制反应体系的组成和反应条件（如温度、时间等），避免因条件波动导致误差。

② 随机误差　设置多个技术重复（如 6 个），对同一样品进行扩增，计算 Ct 值（Ct 值是达到荧光阈值的循环数）的平均值和标准偏差。对于 Ct 值差异较大的重复孔，分析是否存在污染或加样误差等问题。

（4）流式细胞仪实验

① 系统误差　定期使用标准微球对仪器进行校准，确保荧光信号和散射光信号检测的准确性。设置合适的阴性对照和阳性对照，排除非特异性信号的干扰。

② 随机误差　采集足够数量的细胞（一般不少于 10000 个）进行分析，减少因细胞数量过少导致的统计误差。对同一样品进行多次检测，对比分析数据的重复性。

（5）核酸蛋白测定仪实验

① 系统误差　使用已知浓度的标准核酸或蛋白质样品校准仪器，检查吸光度测量的准确性。确保样品的制备和稀释过程准确，避免因浓度不准确而引起误差。

② 随机误差　对同一样品进行多次测量，计算吸光度的平均值和标准偏差。若测量值波动较大，检查样品是否均匀或仪器是否稳定。

（6）质构仪实验

① 系统误差　校准质构仪的力传感器和位移传感器，确保测量的准确性。使用标准样品（如硬度已知的凝胶等）验证仪器的性能。

② 随机误差　对同一样品的不同部位进行多次测量，分析测量结果的差异，评估样品的均匀性和测量的可靠性。

（7）多功能酶标仪实验

① 系统误差　使用标准吸光度板或荧光板校准仪器，检查吸光度或荧光强度测量的准确性。设置合适的空白对照，扣除背景信号。

② 随机误差　设置多个重复孔，对同一样品进行测量，计算平均值和标准偏差，若某个孔的测量值与其他孔差异较大，检查是否存在加样误差或孔内污染。

（8）YSI 水质分析仪实验

① 系统误差　定期使用标准溶液对仪器进行校准，确保水质参数（如溶解氧、pH、电导率等）测量的准确性。检查电极性能，及时更换老化或损坏的电极。

② 随机误差　在同一水样的不同位置取样测量，对比分析测量结果，评估水样的均匀性和测量的重复性。若数据波动较大，可增加测量次数取平均值。

（9）电转化仪实验

① 系统误差　校准电转化仪的电压、电容等参数，确保电转化条件的准确性。使用对照实验（如转化已知质粒）验证转化效率。

② 随机误差　进行多次平行电转化实验，计算转化效率的平均值和标准偏差，分析实

验结果的稳定性。

（10）蛋白质转印仪实验

① 系统误差　优化转印条件（如转印时间、电流、转印缓冲液等），确保蛋白质从凝胶高效转移到膜上。使用预染标志蛋白监测转印效果。

② 随机误差　对同一样品进行多次转印实验，对比分析转印后蛋白质条带的强度和完整性，减少因操作差异导致的误差。

（11）凝胶成像系统实验

① 系统误差　校准凝胶成像系统的曝光时间、焦距等参数，确保图像采集的准确性。使用已知浓度的标准样品进行定量分析校准。

② 随机误差　对同一块凝胶进行多次图像采集，分析条带灰度值的重复性。若差异较大，则检查凝胶的均匀性和成像系统的稳定性。

（12）荧光显微镜实验

① 系统误差　校准荧光显微镜的荧光滤光片、光源强度等参数，确保荧光信号检测的准确性。使用标准荧光样品进行校准。

② 随机误差　对同一样品的不同视野进行观察和拍照，分析荧光强度和细胞形态等数据的重复性，减少因样品不均匀或观察位置差异导致的误差。

（13）动物行为分析仪实验

① 系统误差　校准动物行为分析仪的摄像头和传感器，确保对动物行为的准确捕捉和分析。设置合适的实验环境条件（如温度、光照等），避免环境因素影响实验结果。

② 随机误差　对同一只动物进行多次重复实验，或对多个动物个体进行实验，分析实验数据的统计学差异，评估实验结果的可靠性。

以上误差处理方法可根据具体实验要求和仪器特点进行适当调整和优化，以确保实验数据的准确性和可靠性。

1.5　练习题

（1）请写出分析天平的使用步骤。

（2）请写出配制 100mL 1mol/L NaOH 溶液的步骤。

（3）请写出配制 250mL 20％乙醇溶液的步骤。

第2章

分析类大型仪器实验

教学目标：掌握分析类大型仪器的操作方法、使用注意事项、故障维修方法、应用范围、实际样品检测的前处理方法和数据处理方法。了解仪器工作原理和国内外同类仪器发展概况。

本章学习重点：分析类大型仪器的操作方法、应用范围和数据处理方法。

2.1 实验1：高效液相色谱仪实验

高效液相色谱仪（high performance liquid chromatograph，HPLC）是教学、科研及分析测试的核心设备之一（图2-1），高分离效能、高灵敏度及广泛的应用性使其成为化学、生物、医药、环境等学科领域的重要工具，可以用于热不稳定、非挥发性的大分子和小分子的分离分析。在食品、环境、化学、生物分析领域，它作为一种常用的检测仪器，主要应用于热不稳定成分检测。

图2-1　安捷伦1260高效液相色谱仪

2.1.1 仪器工作原理

液相色谱法的分离原理是溶于流动相中的各组分经过固定相时，由于与固定相发生作用（吸附、分配、离子交换、排阻、亲和）的大小、强弱不同，在固定相中滞留时间不同，从而先后从固定相中流出。高效液相色谱仪工作的原理是高压泵将贮液罐的流动相经进样器送入色谱柱中，然后从检测器的出口流出，这时整个系统就被流动相充满。当欲分离样品从进样器进入时，流经进样器的流动相将其带入色谱柱中进行分离，分离后不同组分依先后顺序进入检测器，记录仪将进入检测器的信号记录下来，得到液相色谱图。

2.1.2 仪器操作过程

本教材以安捷伦 1260 高效液相色谱仪为例，介绍液相色谱仪的操作步骤。

（1）准备工作

① 保持室温在 25℃左右。

② 插上电源，打开稳压器，打开主机（显示屏会自动亮起），打开仪器模块，包含自动进样器、四元泵、TCC 柱温箱、DAD 检测器、荧光检测器（从左至右、从上到下五个开关，黄灯会依次亮起，待声音趋于无），打开软件（LC1260 联机），连接仪器并上传，进入仪器软件后，选择方法“▼”DEF-LC. M（该方法为系统自带方法）（图 2-2）。

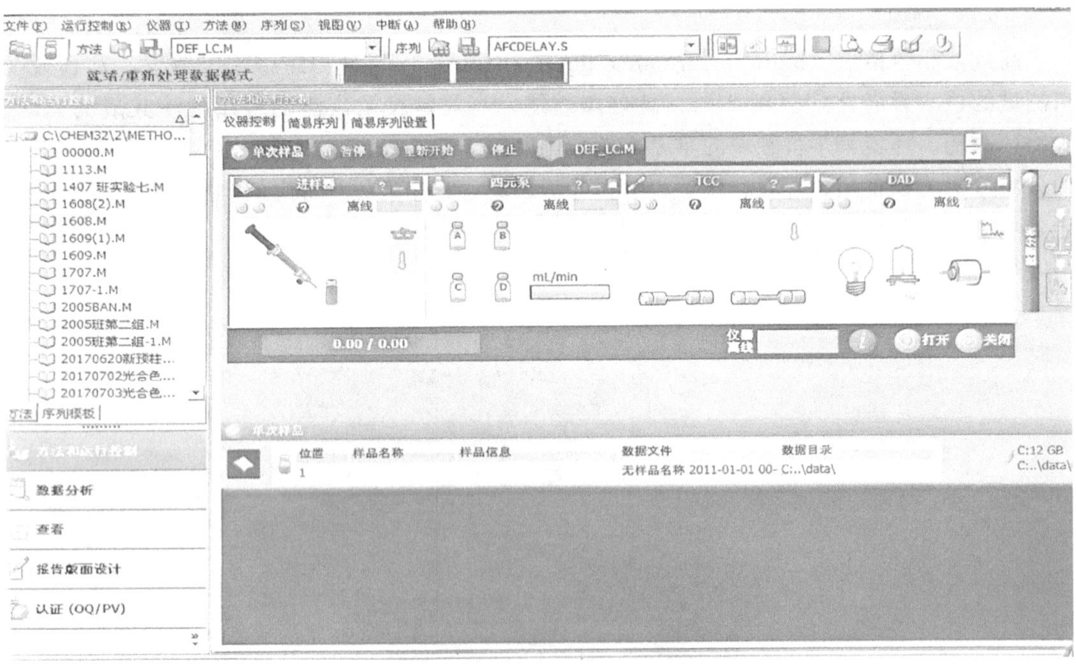

图 2-2 高效液相色谱仪工作站界面

（2）修改瓶填充

在四元泵模块中，打开瓶填充，出现填充体积和实际体积。输入实际体积数值，即当天试剂瓶中装入的流动相体积。为了保证液相系统的安全性，实际体积输入值比试剂瓶溶液体积少 20mL 左右。

(3) 排气

打开排气阀（左转 1/4 圈拧开排气阀）。右击四元泵模块，点击“方法”，依次按顺序调节某个流动相为 100%，流速为 3mL/min，稳定排气 5min。排气开始时，观察流动相中是否有气泡，如有气泡，上下拉动或弹动白色管线，缓缓倾斜流动相瓶，气泡太大时将流速调为 5mL/min；机器无法排气时需要手动排气。排气结束后，右击四元泵模块，选择控制、待机，待泵停止后，关闭排气阀。

注意：排气顺序为 D、B、C、A 是因为 D、B 为纯有机溶剂，C 为纯水，A 为盐溶液。先用甲醇冲洗系统消毒，再用纯水冲洗以避免甲醇残留而破坏 A 相平衡。

(4) 更换色谱柱

将两通阀取下后拧上小白头放入封口袋内，将一端柱头与连接管线相连，先用手将连接管线完全插入柱头后再拧紧螺母，以确保连接管线与柱头紧密连接，防止漏液。用同样的方法连接色谱柱的另一端。同时，检查连接头位置是否漏液，方法为：右击四元泵模块，选择“方法”，将某个流动相调为 100%，流速为 0.2mL/min，开启四元泵。用滤纸检查是否漏液，观察压力是否正常（关注柱压，若突然降低，则可能漏液）。

(5) 冲洗系统

当四元泵处于停止状态时，流速必须从低速逐渐升高，流速从低到高的顺序依次是 0、0.2mL/min、0.8mL/min 和 1mL/min。冲洗时用的流动相为 10% 的有机相，如 10% 甲醇或 10% 乙腈。设置方法为：右击四元泵，选择方法，10% 有机溶剂，设置流速，压力保持稳定后，提高流速。冲洗 15～30min，待机。

(6) 平衡基线

选择已经设置好的样品分析方法，点击软件模块中的“打开”，将进样器、四元泵、柱温箱、检测器四个模块均打开。平衡基线，点击压力线和信号线，调整平衡，基线平衡后再运行 30min 左右。

(7) 进样

自动进样器可以根据不同的进样要求设置单次进样和序列进样。如为单次进样，需要在一个样品完成分析后，再通过输入样品名和位置等信息，进行下一个样品的进样。如为序列进样，需要先编制序列表，待序列表编制完成后，将样品放入对应位置，点击序列进样。

(8) 关机

10% 甲醇冲洗 60min，60% 甲醇冲洗 40min，基线达到平稳，降低流速至 0.8mL/min、0.5mL/min、0.2mL/min，待压力下降到 0 左右，点击软件中的关闭，关泵、关机、关电脑。

2.1.3 仪器故障维修方法

(1) 故障 1

压力监测过程中，在相同实验条件下，压力比平时低 10bar[1] 左右，有以下两种情况需

[1] 1bar=10^5Pa

要排查。

① 系统漏液　先用干滤纸检查色谱柱出入口位置，判断是否漏液。如漏液，需要重新拆开色谱柱，再次拧紧；如不漏液，检查仪器中连接管线的接口区域，观察是否漏液。

② 排气阀未关紧　需要重新拧紧排气阀。

(2) 故障2

压力监测过程中，在相同条件下，压力比平时高10bar左右，需要逐一排查压力高的具体发生在哪个位置。

① 先逐级拆开液相色谱仪的各个部件（检测器、色谱柱、柱温箱、进样器等），检查各部件管线，观察哪个区域拆开后压力急剧下降，即为堵塞区域。

② 专门针对①中确定的堵塞区域进行冲洗。

(3) 故障3

检测过程中，针座堵塞导致的漏液需要进行反冲。

(4) 故障4

检测过程中，针头和针座连接处不紧密导致漏液需要重新拧紧针座下方的螺丝。

2.1.4　注意事项

① 流动相、样品一定要过滤，且不能有气泡。试剂尽量选择色谱纯试剂。

② 柱压高（超过200bar），查找是否发生堵塞。

③ 柱压低，查找是否发生漏液（色谱柱、排气阀，或者在实验前拆开的部件）。

④ 用流动相或比流动相弱的溶剂溶解样品。

⑤ 进样量尽量小。

⑥ 跑完样品后，及时关灯。

⑦ 尽快完成数据导出与处理。

2.1.5　高效液相色谱仪实验案例——检测金银花提取物中绿原酸的含量

(1) 实验目的

掌握高效液相色谱仪的工作原理和操作方法；熟悉金银花中绿原酸的提取方法；掌握高效液相色谱技术分析绿原酸含量的方法；掌握采用外标法分析绿原酸含量的计算方法。

(2) 实验原理

高效液相色谱法是指以液体为流动相，采用高压输液系统，将具有不同极性和不同比例的混合溶剂流动相泵入装有固定相的色谱柱，在柱内各成分被分离后，进入检测器进行检测，从而实现对试样的分析。金银花样品被提取后，进入高效液相色谱分析系统，样品色谱峰与标准品色谱峰进行对照，采用外标法确定绿原酸含量。

(3) 实验步骤

① 金银花提取物的制备　称取金银花1g→按照料液比1∶10加入10%乙醇常温提取2h，12000r/min离心10min，取上清液4mL，0.22μm滤膜过滤，液相分析。

② 流动相的准备如下。

A：0.3%甲酸溶液（3mL色谱纯的甲酸加入997mL超纯水中混合均匀）；

C：超纯水；

D：纯乙腈（色谱专用乙腈）。

溶剂配制完成后，进行过滤及超声脱气，将流动相 A、C、D 超声脱气 20min（注意将流动相 A、C、D 用封口膜包住瓶口，扎几个小孔）。

③ 高效液相色谱分析方法如下。

色谱柱：Diamonsil Plus® C18 column（250mm×4.6mm，5μm）。

柱温：30℃。

流动相：流动相 A 为 0.3%甲酸；流动相 D 为乙腈。

检测波长：324nm。

流速：1mL/min。

进样量：20μL。

梯度洗脱程序见表 2-1。

表 2-1　高效液相色谱法检测绿原酸含量的洗脱程序

时间/min	流动相/A%	流动相/D%
0	90	10
5	88	12
13	79	21
14	90	10
16	90	10

④ 进样分析　配制浓度为 1mg/mL 的绿原酸标准品，分别进样 1μL、2μL、4μL、6μL、8μL。同时，金银花提取物进样 5μL。

⑤ 数据分析　从仪器软件工作站中导出数据，采用手动积分，建立标准品质量与峰面积的定量关系。再根据标准曲线，计算样品中绿原酸含量。

（4）高效液相色谱分析结果

绿原酸标准品进样分析结果如图 2-3 所示，保留时间为 5.358min。绿原酸含量检测定量标准曲线如图 2-4 所示，线性相关系数为 0.999，线性关系良好。计算绿原酸样品的峰面积和金银花中绿原酸含量。

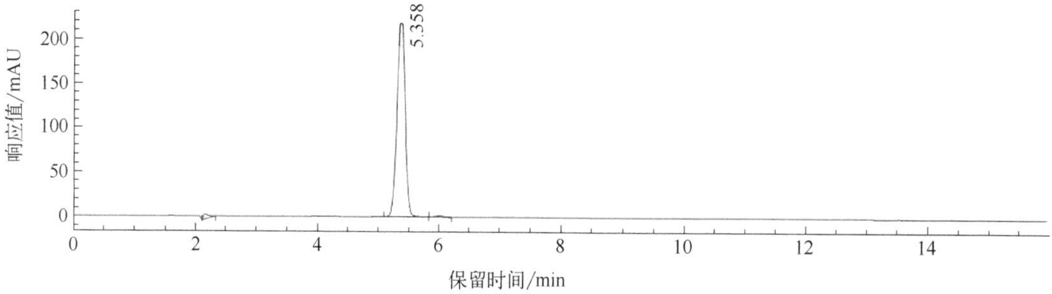

图 2-3　绿原酸标准品高效液相色谱图

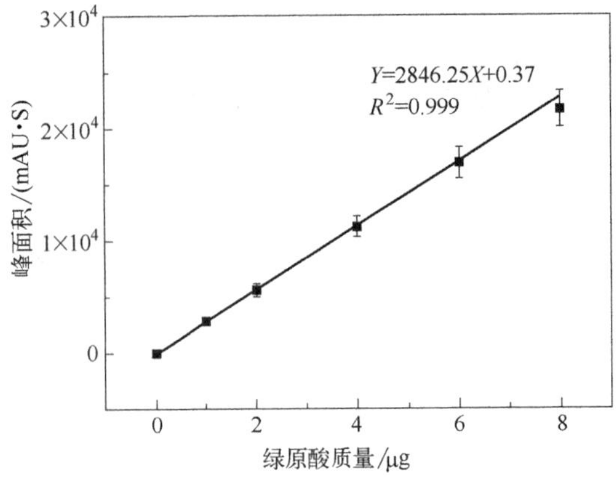

图 2-4　绿原酸含量检测定量标准曲线

2.1.6　练习题

（1）选择题

① 高效液相色谱分析技术的流动相为（　　）。

A. 液体　　B. 气体　　C. 固体　　D. 液体与气体

②高效液相色谱分析技术中，使用的有机溶剂纯度级别为（　　）。

A. 分析纯　　B. 色谱纯　　C. 优级纯　　D. 化学纯

③流动相配制完成，依次进行（　　）后，才可将流动相放入储液瓶中。

A. 过滤和超声脱气　　B. 超声脱气和排气

C. 超声脱气和过滤　　D. 过滤和在线排气

④在进行在线排气时，对纯水进行排气，当流速为 5mL/min，压力大于（　　）时，必须更换过滤小白头。

A. 1bar　　B. 2bar　　C. 5bar　　D. 10bar

⑤ 在进行液相系统操作时，判断系统是否漏液的方法，除观察接头部位是否渗液外，还可以根据（　　）来判断。

A. 进样量　　B. 流速　　C. 压力　　D. 保留时间

⑥ 采用高效液相色谱法测定样品中光合色素的含量，峰面积与浓度之间的关系如下：$Y=0.2X-0.1$，Y 为峰面积，X 为样品中光合色素的浓度。对某样品进行检测时，样品中光合色素的峰面积为 0.3，其光合色素浓度为（　　）。

A. 1　　B. 2　　C. 3　　D. 4

⑦ 液相系统使用完毕后，常用（　　）冲洗 1～1.5h。

A. 10%甲醇　　B. 20%甲醇　　C. 30%甲醇　　D. 40%甲醇

⑧ 液相色谱柱一般保存于（　　）中。

A. 纯乙醇　　B. 纯丙酮　　C. 纯甲醇　　D. 纯醋酸

⑨ 含有 DMF（二甲基甲酰胺）的样品提取液，在（　　）μm 的有机系滤膜过滤后，

进入高效液相色谱仪分析。

A. 0.22　　　B. 0.45　　　C. 0.1　　　D. 0.4

⑩当一天需要连续检测分析 10 个样品时，常采用（　　）。

A. 序列进样　　　B. 单次进样

C. 序列与单次进样结合　　　D. 序列或单次进样

（2）判断题

① 在高效液相色谱分析中，有多种定量方法。其中，将已知标准品进行分析后，得出峰面积与标准品浓度的线性关系，从而求出样品中与标准品相同的分析物含量的方法属于内标法。（　　）

② 在前一次测试中已经使用过无机盐的通道，需要先连接两通阀，并用纯盐水清洗系统后，才能进行样品分析。（　　）

③ 配制流动相时，过滤膜的亮光面朝上。（　　）

④ 当液相系统中储液瓶的液体更换后，需要更改流速，以免仪器停机。（　　）

⑤ 虽然 C18 色谱柱绝大多数不能使用纯水作为流动相，但是使用过高盐的系统必须用纯水冲洗，这时可在系统中接入两通阀代替色谱柱。（　　）

（3）讨论题

某一大学生科研实验兴趣小组想初步探讨湖泊中浮游植物光合色素组成，但他们的科研平台只有一台高效液相色谱分析仪。请利用所学习的高效液相色谱分析技术，试分析他们该如何顺利完成这项研究工作。

2.2 实验 2: 气相色谱仪实验

气相色谱仪适用于沸点低于 500℃、热稳定性良好、相对分子质量小于 400 的物质的分析测试。根据检测对象的不同可以配备不同的检测器，包括氢火焰离子化检测器（FID）、热导检测器（TCD）、电子捕获检测器（ECD）、氮磷检测器（NPD）。

2.2.1 仪器工作原理

气相色谱法的分离原理是物质在固定相和流动相之间存在分配系数差异。待分析样品在汽化室汽化后被惰性气体（即载气/流动相）带入色谱柱，柱内含有液体或固体固定相。由于样品中各组分的沸点、极性或吸附性能不同，每种组分都倾向于在流动相和固定相之间形成分配或吸附平衡。但因载气是流动的，这种平衡实际上很难建立，样品组分在运动中进行反复的分配或吸附/解吸附，结果是在载气中浓度大的组分先流出色谱柱，在固定相中分配系数大的组分后流出。当组分流出色谱柱后，立即进入检测器，检测器能够将样品组分转变为电信号，电信号的大小与被测组分的量或浓度成正比，这些信号经过放大和记录后，就形成了气相色谱图。

2.2.2 仪器操作过程

本教材以安捷伦 7890B 气相色谱仪为例，介绍气相色谱仪的上机操作步骤。

（1）流动相准备

① 打开减压阀（主表压力为 13～15MPa，表示钢瓶气体充足；若低于 2MPa，则应挂牌准备换气。逆时针打开，顺时针关闭）。

② 检查分压表（氮气 0.4～0.6MPa；空气 0.3～0.4MPa；氢气 0.2MPa）。

注意：换气必检漏，防止漏气，用检漏液或者肥皂水。

（2）仪器开机

先打开稳压电源，再打开空气泵，再打开氢气发生器（注意氢气发生器的液位，是否需要添加蒸馏水，其中的 KOH 不消耗），最后打开主机电源和电脑（仪器会自行检查是否正常）。

（3）方法设置

打开联机软件，开始设计方法，点击“方法”，选择“编辑完整方法”，设置以下配置。

① 模块　前进样口采用氮气或者氦气（根据接气情况而定，两者基本通用，一般用氮气），气体和尾吹气相同，因为只有一个减压阀。

② 色谱柱　前进样口只有 1 个，出口指向检测器，应指明是连接至哪个检测器（前检测器 FID，后检测器 ECD）。点击目录→毛细管→选型号（或者输入货号）→选定→安装→使用该选项。点击目录→创建→创建目录→信息→设定→名称→保存。

ALS-进样器-检查针的规格，进样量 1μL、2μL、5μL、10μL 均可。

③ 设置洗针次数　样品的清洗次数为 1～3 次，样品的抽吸次数为 6 次（进样前和进样后），洗针液就是对应的有机溶剂。

④ 进样口　勾选加热器、压力和隔热吹扫设置，按照方法设定温度和分流模式（分流则设置分流比）。

⑤ 色谱柱　设置柱流量（如果方法中的条件是压力，则选择恒定压力并填写压力）。

⑥ 柱箱　填写柱子最高温度，根据方法设置程序升温。

⑦ 检测器　根据需要使用的检测器勾选前、后检测器（前检测器 FID：加热器、空气设置、氢气设置、尾吹设置、火焰；后检测器 ECD：加热器、尾吹设置）。

⑧ 就绪状态　使用哪些条件勾选哪些条件。

设置完成之后，仪器会自动升温至方法使用的初始状态，等待基线平稳即可开始编辑序列进行进样。

（4）序列编辑

点击序列→序列参数；序列表→101—106；方法名称选择上述设置方法；进样器位置—前或后；进样源→与方法一致；进样量→与方法一致，设置完毕后运行序列。

（5）序列运行

运行完毕后可按日期时间设置样品名，保存在数据文件里。

（6）仪器关机

调用关机方法，等待仪器温度降到设定值，先关闭主机，再关闭氢气发生器，关闭空气泵，关闭减压阀（顺时针为关闭），最后关闭稳压电源和总电源。

2.2.3 仪器故障维修方法

（1）故障 1：基线波动或漂移

有以下几种情况需要排查。

① 载气纯度不足　检查载气气源，更换高纯度载气（如 99.999%以上）。

② 气体净化装置失效　检查气体净化装置（除水管、除氧管）是否需要更换。

③ 进样垫老化　定期更换进样隔垫（建议每 100 次进样或出现漏气时更换）。

④ 检测器污染　清洗检测器（如 FID 喷嘴、收集极）。

⑤ 色谱柱流失　老化色谱柱（逐步升温至最高耐受温度并保持数小时）。

（2）故障 2：基线噪声大

有以下几种情况需要排查。

① 电路干扰　检查电路接地情况，必要时更换损坏的电子元件（如放大器）。

② 检测器污染或载气流速不稳定　清洗检测器或检查气路密封性，排除漏气点。

（3）故障 3：峰分离不完全或重叠

有以下几种情况需要排查。

① 色谱柱老化　若固定液流失严重（表现为逐渐恶化的分离效果），需更换色谱柱。

② 柱温过高、载气流速过快或进样量过大　降低柱温或载气流速，减少进样量。

（4）故障 4：峰丢失或假峰

有以下几种情况需要排查。

① 漏气或色谱柱安装不当　分段排查气路（如进样口、检测器连接处）是否漏气。检查色谱柱两端插入长度是否符合要求（通常进样口端插入 5～6mm，检测器端插入至喷嘴底部）。

② 系统污染　清洗进样口（更换衬管、O 形圈）或检测器。

（5）故障 5：FID 点火失败

调整氢气流量至 60～75mL/min，空气流量至 100mL/min，点火时用洗耳球吹扫检测器顶部。检查气路密封性，确保氢气、空气和尾吹气供应正常。

（6）故障 6：进样针堵塞或污染

清洗进样针（用丙酮或甲醇超声清洗），或直接更换新针。

2.2.4　注意事项

（1）安装色谱柱

色谱柱左边连接进样口，右边连接检测器（前检测器：FID；后检测器：ECD）。

① 进样口　石墨垫和柱接口连接，石墨垫尖端朝上，再上柱子，拧紧使石墨垫与柱接口黏合，用瓷片（有字的那一面）割掉色谱柱前端 0.5cm，上柱时柱子伸出石墨垫 4～6mm。

② 检测器　石墨垫操作同上。上柱时，柱子通到顶回拉 1mm，拧紧时需要两把扳手。

（2）老化色谱柱

安装新色谱柱后，需对其进行老化，设定程序升温。升温程序的最高温度一般控制在色谱柱最高温度以下 20℃，如色谱柱的最高温度是 250℃，则老化温度的最高温度为 230℃。

2.2.5　气相色谱仪的应用案例——检测小鼠粪便中丁酸的含量

（1）实验目的

掌握气相色谱仪的工作原理和操作方法；熟悉小鼠粪便中短链脂肪酸丁酸的提取方法；掌握气相色谱技术分析短链脂肪酸中丁酸含量的方法；掌握采用外标法分析丁酸含量的计算方法。

(2) 实验原理

气相色谱法是一种物理分离技术，利用分配系数的差异使样品中各组分在流动相（载气）和固定相之间反复多次分配，从而实现各组分的分离。当样品被载气带入色谱柱时，各组分在固定相中的溶解、吸附或与固定相发生化学反应等作用的强弱不同，导致其在色谱柱中的迁移速度不同，在流动相中滞留的时间也不同，最终依次从色谱柱流出并通过检测器进行检测。丁酸样品被提取后，进入高效气相色谱分析系统，样品色谱峰与标准品色谱峰进行对照，采用外标法确定丁酸含量。

(3) 实验步骤

① 小鼠粪便中短链脂肪酸的提取　步骤如下。

a. 准确称取 0.4g 小鼠粪便，加入 2mL 无菌水，涡旋 30s 混匀后冰浴 5min。

b. 样品冰浴后，4℃条件下，12000r/min 离心 10min。

c. 离心后准确吸取上清液 1mL 到干净的 1.5mL 离心管。

d. 加入 10μL 甲酸酸化后，于−20℃保存待测。

e. 上机检测前，取 600μL 上清液，过 0.22μm 有机滤膜。

② 气相条件　使用的气相色谱仪配有自动进样器和火焰电离检测器，色谱柱为强极性 DB-WAX 250 熔融石英毛细管柱（30m×0.32mm，0.25μm）。程序设置为：初始温度 70℃ 保持 1min，以 10℃/min 升温至 110℃，保持 1min，再以 3℃/min 升温至 120℃，保持 1min，最后以 3℃/min 升温至 135℃；进样口温度 250℃，检测器温度 290℃，分流比 10∶1，进样口压力 9.6554。进样量为 5μL，全程 18.66min。

③ 进样分析　配制浓度为 1mg/mL 的丁酸标准品，分别进样 1μL、0.5μL、0.25μL、0.125μL、0.0625μL。同时，小鼠粪便提取物进样 5μL。

④ 数据分析　从仪器软件工作站中导出数据，采用手动积分，建立标准品质量与峰面积之间的定量关系。再根据定量标准曲线，计算样品中丁酸含量。

⑤ 高效气相色谱分析结果　丁酸标准品进样分析结果如图 2-5 所示，保留时间为 11.101min。

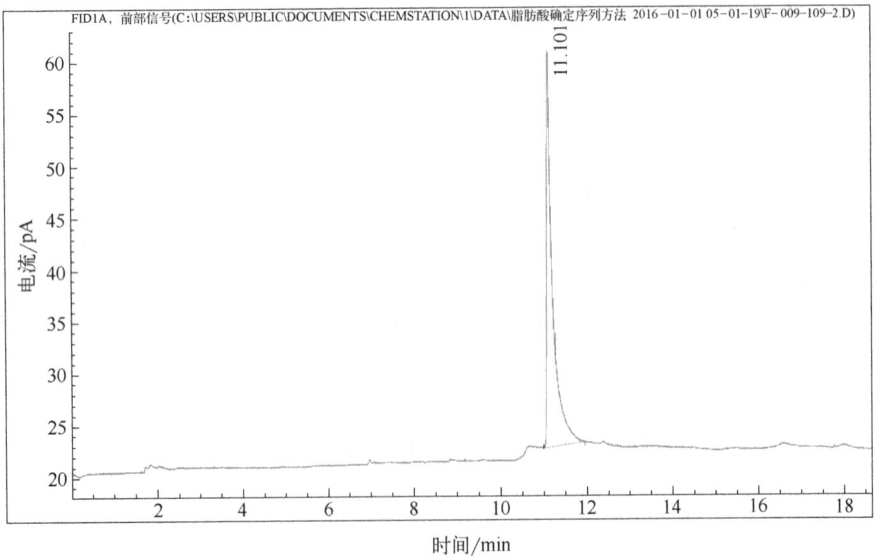

图 2-5　丁酸标准品气相色谱图

丁酸含量定量检测标准曲线如图 2-6 所示，线性相关系数为 0.995，线性关系良好。

如图 2-7 所示，丁酸样品的峰面积为 47.76402，小鼠粪便中丁酸含量为 0.00132×47.76402+0.0168=0.080（mg/mL）。

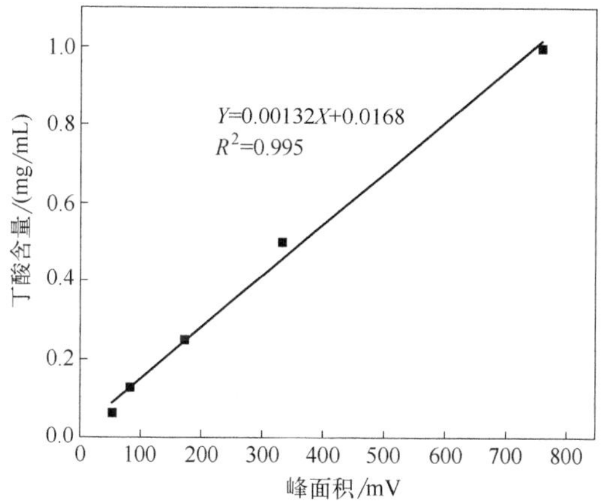

图 2-6　丁酸含量检测标准曲线

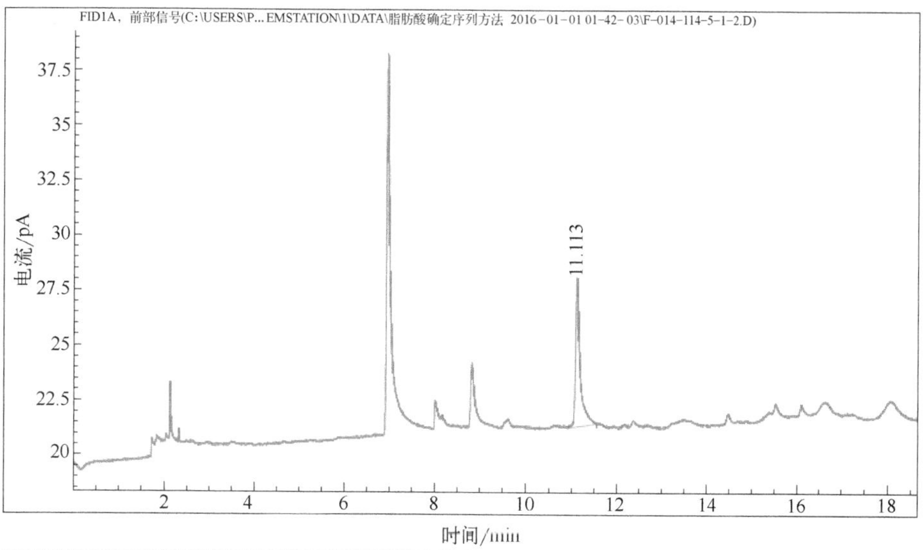

面积百分比报告

排序　　　　：　信号

乘积因子　　：　1.0000

稀释因子　　：　1.0000

内标中不使用乘积因子和稀释因子

信号 1：FID1 A，前部信号

峰 #	保留时间 [min]	类型	峰宽 [min]	峰面积 [pA*s]	峰高 [pA]	峰面积 %
1	11.113	BB	0.0977	47.76402	6.75851	1.000e2
总量：				47.76402	6.75851	

图 2-7　丁酸样品高效气相色谱图

2.2.6 练习题

（1）选择题

① 气相色谱分析技术的流动相为（　　）。

A. 液体　　B. 气体　　C. 固体　　D. 液体与气体

② 安捷伦 7890B 开机顺序正确的是（　　）。

A. 开载气→开仪器电源→设置参数→点火

B. 开仪器电源→设置参数→开载气→点火

C. 开载气→设置参数→开仪器电源→点火

D. 开仪器电源→开载气→设置参数→点火

③ 以下检测器中，适合分析 CO_2 的是（　　）。

A. FID　　B. TCD　　C. ECD　　D. NPD

④ 分流/不分流进样口适用于（　　）。

A. 高浓度样品　　B. 痕量分析　　C. 气体样品　　D. 固体直接进样

⑤设置色谱柱流量时，应优先选择的参数是（　　）。

A. 柱前压　　B. 柱流量　　C. 分流比　　D. 线速度

⑥ FID 检测器的点火气体是（　　）。

A. 氢气＋空气　　B. 氦气＋氮气　　C. 氩气＋氧气　　D. 无需点火气体

⑦ 色谱柱老化时，正确的操作是（　　）。

A. 连接检测器并高温老化　　B. 断开检测器，流量低于正常值

C. 断开检测器，流量高于正常值　　D. 无须老化新色谱柱

⑧ 基线噪声突然增大，可能的原因是（　　）。

A. 进样针污染　　B. 检测器未点火　　C. 色谱柱未老化　　D. 以上均是

⑨ 设置进样口温度时，应（　　）。

A. 低于样品沸点　　B. 高于色谱柱最高耐受温度

C. 高于样品沸点但低于色谱柱温度　　D. 等于检测器温度

⑩ 运行中突然出现“压力超限”报警，应首先检查（　　）。

A. 载气钢瓶压力　　B. 色谱柱连接是否漏气

C. 进样口隔垫　　D. 检测器是否堵塞

（2）判断题

① 关机时应先关闭载气，再关闭检测器。（　　）

② 安捷伦 7890B 的衬管可以无限次重复使用。（　　）

③ FID 检测器需要燃烧气（H_2 和空气），而 TCD 检测器不需要任何气体。（　　）

④ 色谱柱的最高使用温度由固定液极性决定。（　　）

⑤ 分流进样模式必须使用分流衬管。（　　）

（3）讨论题

某次分析中，色谱图出现基线漂移且保留时间不稳定，可能的原因有哪些？请从仪器设置、操作步骤、耗材状态等方面分析并提出解决方案。

2.3 实验 3：紫外-可见光谱仪实验

紫外-可见光谱法（ultraviolet-visible spectroscopy）是一种基于物质对紫外光（200～400nm）和可见光（400～800nm）的吸收特性进行分析的光谱学技术。该技术广泛应用于化学、生物化学、材料科学及环境科学等领域，用于定量分析、定性表征、动力学研究及分子结构解析。

2.3.1 仪器工作原理

紫外-可见光谱仪的工作原理是基于待分析物质对紫外-可见光的吸收特性，通过测量电子跃迁产生的特征光谱来分析物质成分、结构与组成。主要流程包括光源分光、样品吸收、光电转换和数据处理四个阶段，遵循朗伯-比尔定律进行定量分析。

2.3.2 仪器操作过程

本书以普析 TU-1901 双光束紫外-可见分光光度计为例（图 2-8），介绍紫外-可见光谱仪的操作步骤。打开电脑和仪器电源，点击“UV-windows”，对仪器光源等部件进行自检。进入仪器操作界面后，根据实验需要进行光度测量或者光谱扫描。

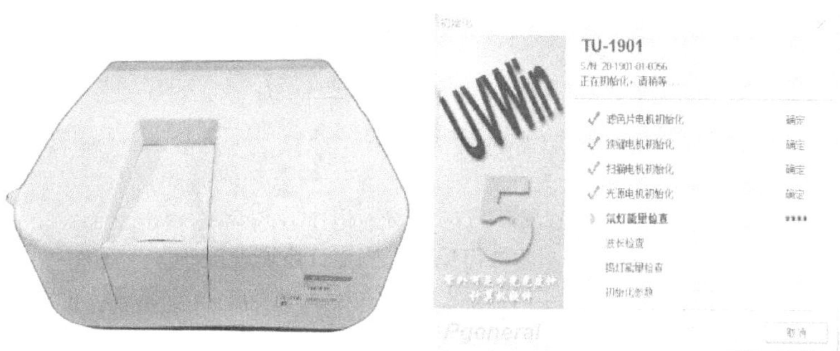

图 2-8 紫外可见分光光度计

（1）光度测量

① 在软件或仪器面板上选择“光度测量”，点击测量，点击参数设置（图 2-9）。

② 设定测量参数，选择光度模式，输入待测波长，点击确定（图 2-10）。

③ 对仪器进行空白校正，两个比色皿中放入空白溶液，分别放入参比池和样品池，点击校零（图 2-11）。

④ 开始进行光度值测定，记录数据。

（2）光谱扫描

在光谱扫描过程中，波长范围可以设置为 200～800nm。

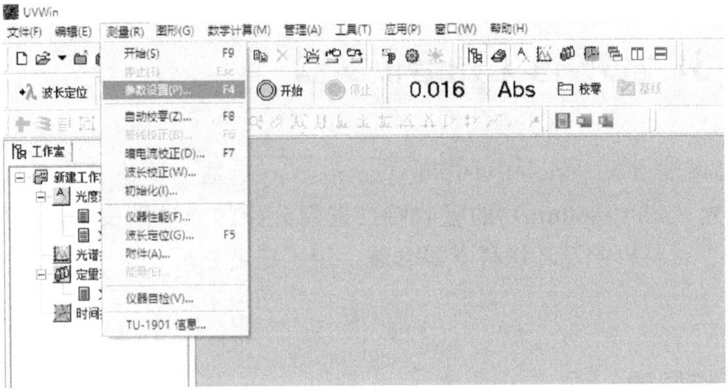

图 2-9　紫外可见分光光度计光度测量参数设置

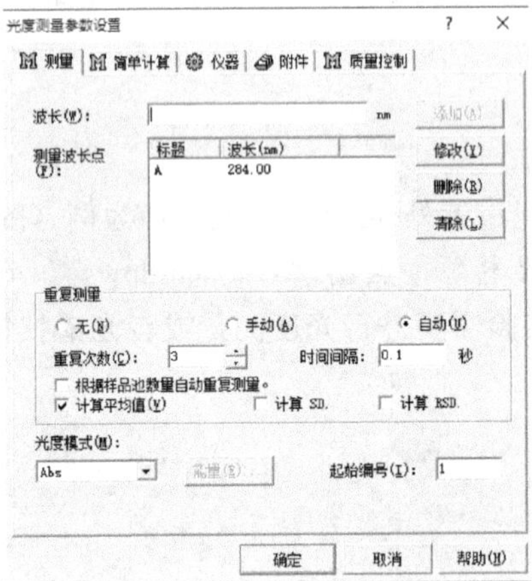

图 2-10　紫外可见分光光度计波长设置

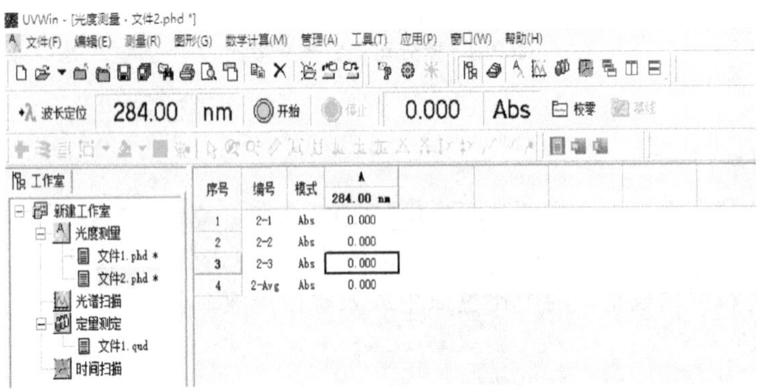

图 2-11　紫外可见分光光度计调零

① 在软件或仪器面板上选择“光谱扫描”，点击测量，点击参数设置（图 2-12）。

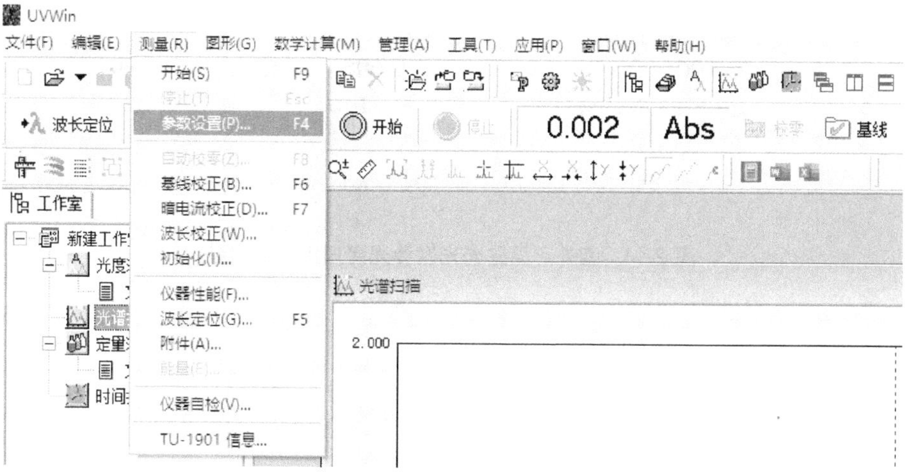

图 2-12　紫外可见分光光度计光谱扫描参数选择

② 设定测量参数，选择光度方式（Abs）、显示波长范围、扫描速度、数据间隔、扫描模式（图 2-13）。

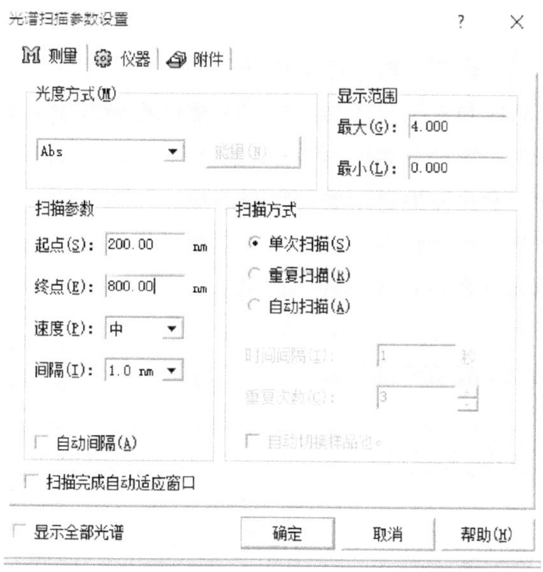

图 2-13　紫外可见分光光度计光谱扫描参数设置

③ 对仪器进行空白校正，两个比色皿中放入空白溶液，分别放入参比池和样品池，点击基线调零，平衡基线（图 2-14）。

④ 平衡基线之后，开始待测样品测试。靠里的参比池放置对照溶液，靠外的测试池放置待测样品。点击“光谱扫描”，开始进行光谱扫描，记录数据。

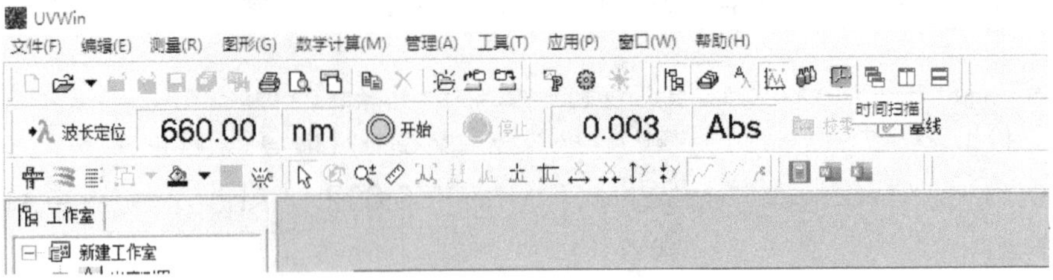

图 2-14 紫外可见分光光度计光谱扫描基线调零

2.3.3 仪器故障维修方法

仪器自检显示能量低，不能通过自检，这是本仪器最容易出现的故障。该仪器的光源为氘灯和钨灯，当其中一种灯的能量不足，就会出现能量低、自检不通过的提示。此时需要购买新的钨灯或氘灯进行更换，钨灯更换较为简便，拆开仪器外盖，用户可以自行更换，而氘灯更换需要专业工程师上门进行操作。

2.3.4 注意事项

① 先打开仪器电源，再打开仪器工作站软件。

② 检测前需要在样品池和参比池中加入对照溶液进行调零或平衡基线。

③ 比色皿中溶液体积不超过总体积的 2/3，透光面正对光源。

④ 测试待测样品时，参比池中必须放置对照溶液。

⑤ 实验完成后，需要进行波长定位，再关闭仪器工作站软件。

⑥ 仪器需要预热 20min 后，再进行样品测试。

2.3.5 紫外-可见分光光度计实验案例

2.3.5.1 多酚、黄酮、生物碱、皂苷含量测定

（1）实验目的

掌握紫外-可见分光光度计的工作原理和操作方法，掌握紫外-可见分光光度计分析物质含量的方法，掌握未知样品中物质含量的计算方法。

（2）实验原理

待测物质本身或者其反应产物在特定紫外-可见光波长范围内有最大吸收，构建待测物质含量与吸光度之间的定量关系。再基于标准曲线，测定未知样品中待测物质的含量。

（3）实验步骤

① 提取样品　鱼腥草粉末以 1∶10（w/v）的比例用 50%乙醇浸提（60℃，2h），离心（6000r/min，15min）后取上清液，在 70℃下挥干。挥干样品用 30mL 纯水溶解后，依次用石油醚、乙酸乙酯、正丁醇以 1∶1 的比例萃取，水相经 70℃旋转蒸发浓缩，得到粗提样

品。用 D101 大孔树脂纯化，用 20mL 70%乙醇洗脱，70℃旋转蒸发浓缩，得到纯化样品，用于四种组分的含量测定。

② 黄酮、皂苷、多酚和生物碱含量测定　用 Folin-Ciocalteu 比色法测定样品中的多酚含量，用分光光度法测定样品中的总黄酮、皂苷和生物碱含量。

配制 0.1mg/mL 的没食子酸标准品母液：取 0、0.1mL、0.2mL、0.3mL、0.4mL、0.5mL 母液，各加纯水稀释至 1mL。再分别加 5.0mL 纯水、1.0mL 福林酚试剂（钨酸钠-钼酸钠混合液）和 3mL 75mg/mL 碳酸钠溶液，混匀，显色，黑暗下放置 2h，在最大吸收波长 765nm 处测定其吸光度，绘制标准曲线。取适量样品，按照上述操作进行实验，计算鱼腥草纯化样品中的多酚含量。

用甲醇溶解芦丁标准品，配制成 0.1mg/mL 的母液，进行全波长扫描。取母液 0、1.0mL、2.0mL、3.0mL、4.0mL、5.0mL 加甲醇至 6mL，在最大吸收波长 360nm 处测定其吸光度，绘制标准曲线。样品按照上述实验操作进行，计算鱼腥草纯化样品中的黄酮含量。

配制浓度为 0.1mg/mL 的熊果酸标准品母液，分别取母液 0.1mL、0.2mL、0.3mL、0.4mL、0.5mL，70℃除去溶剂。再分别加入 0.2mL 新制 5%香草醛-冰醋酸、0.8mL 高氯酸显色，60℃水浴 10min，待试管冷却后再加入 5mL 冰醋酸稀释，在波长 548 nm 处测定其吸光度。以 548 nm 波长处的吸光度为纵坐标，熊果酸标准品的质量为横坐标，绘制标准曲线。取适量样品，按照上述操作进行实验，计算鱼腥草纯化样品中的皂苷含量。

配制浓度为 0.1mg/mL 的小檗碱标准品母液，进行全波长扫描。精确吸取小檗碱标准品母液 0、0.5mL、1.0mL、1.5mL、2.0mL、2.5mL，加纯水稀释至 10mL。在最大吸收波长 345nm 处测定其吸光度，绘制标准曲线。取适量样品，按照上述操作进行实验，计算鱼腥草纯化样品中的生物碱含量。

（4）实验结果分析

① 多酚、黄酮、生物碱、皂苷含量测定标准曲线　如图 2-15 所示，其中 A 为多酚含量测定标准曲线，线性方程为 $Y=13.47X+0.01$，相关系数 R^2 为 0.9973，线性关系良好。B 为黄酮含量测定标准曲线，线性方程为 $Y=4.26X-0.02$，相关系数 R^2 为 0.9992，线性关系良好。C 为皂苷含量测定标准曲线，线性方程为 $Y=6.01X-0.03$，相关系数 R^2 为 0.9939，线性关系良好。D 为生物碱含量测定标准曲线，线性方程为 $Y=12.44X-0.0001$，相关系数 R^2 为 0.9999，线性关系良好。

② 多酚、黄酮、生物碱、皂苷含量测定　经测得，鱼腥草大孔树脂纯化样品各成分含量如图 2-16 所示。其中多酚含量为（155.1±0.922）mg/g；黄酮含量最高，为（171.5±1.002）mg/g；皂苷含量为（167±0.819）mg/g；生物碱含量最低，为（35.3±2.101）mg/g。

2.3.5.2 紫外-可见光谱扫描确定蛋白质的最大吸收波长

（1）实验目的

掌握紫外-可见光谱仪的工作原理和操作方法，掌握用紫外-可见光谱仪确定最大吸收波长的方法。

（2）实验原理

待测物质本身或其反应产物在特定的紫外-可见光波长范围内有最大吸收，通过紫外-可见光谱扫描确定其最大吸收波长，为未知成分的定量测定确定合适的波长。

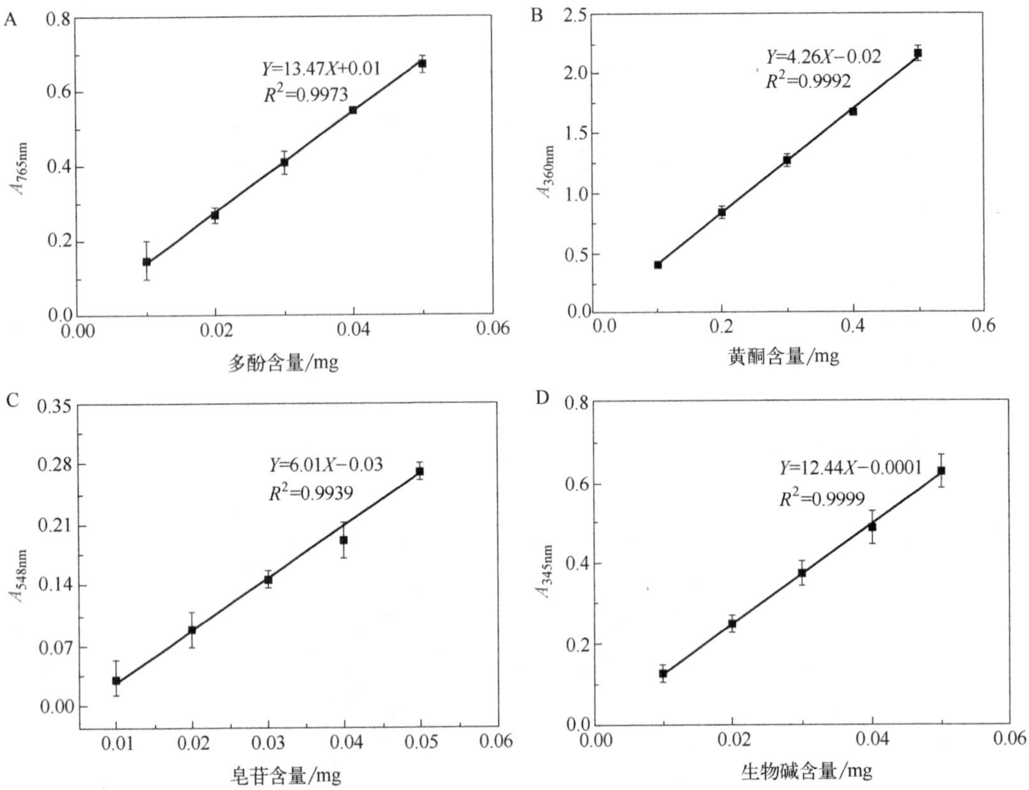

图 2-15　各组分含量测定标准曲线

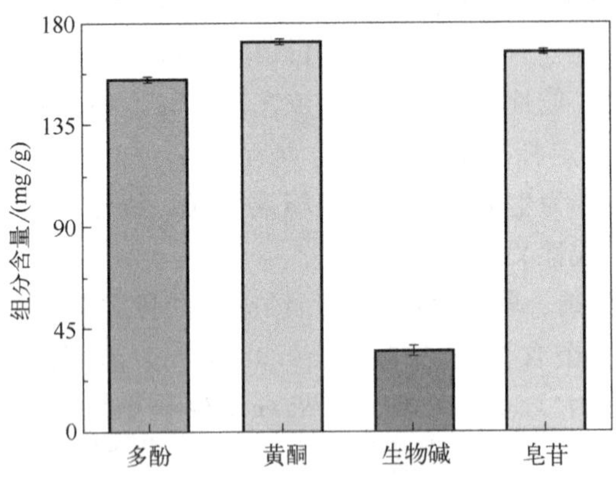

图 2-16　鱼腥草纯化样品各组分含量

（3）实验步骤

将牛血清白蛋白（BSA）、鸡卵清白蛋白（OVA）用 PBS 稀释至浓度为 0.125mg/mL。先用 PBS 作为对照溶液，进行基线调零。然后，在样品池中分别加入蛋白质，在波长 200～

800nm 进行光谱扫描，确定 BSA、OVA 的最大吸收波长。

（4）结果分析

紫外-可见光谱扫描结果如图 2-17 所示，BSA 和 OVA 的最大吸收波长为 280nm。一是由于其含色氨酸残基和酪氨酸残基，其分子内部存在共轭双键，在 280nm 处有一吸收峰；二是因肽键存在而引起的，在 200～220nm 处有一吸收峰。此两处吸收峰都可用于蛋白质的定量测定，但以前者为常用。

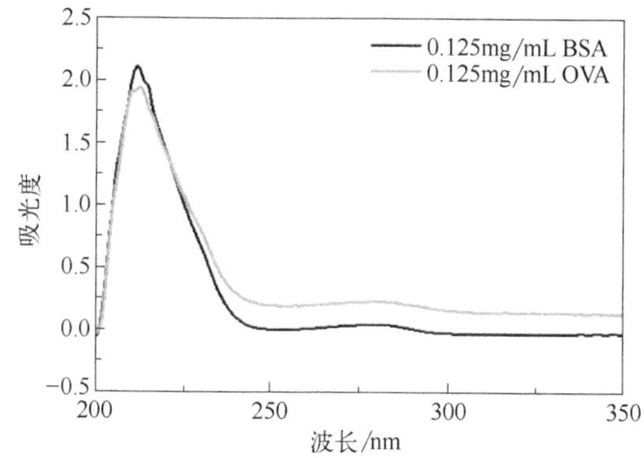

图 2-17　蛋白质光谱扫描图

2.3.6　练习题

（1）选择题

① 光度测量读数偏高/偏低可能的原因是（　　）。

A. 光源不稳定　　B. 比色皿不匹配　　C. 空白校正错误　　D. 以上均可能

② 双束分光光度计中“双束”的作用是（　　）。

A. 提高检测器灵敏度　　B. 消除光源波动对测量的影响

C. 缩短测量时间　　D. 直接测量固体样品

③ 下列情况适合使用双束分光光度计的是（　　）。

A. 需要快速扫描多个波长　　B. 参比溶液与样品性质差异大

C. 光源稳定性较差　　D. 以上都是

（2）判断题

① 双光束紫外分光光度计需要预热后才能使用，因为光源稳定性差。　　（　　）

② 双光束仪器中，样品池和参比池的光路长度必须相同。　　（　　）

③ 双光束分光光度计可以直接测量固体样品的吸光度。　　（　　）

（3）讨论题

某同学在测定药物浓度时，发现药物溶液在 λ_{max}=254 nm 处测得 A=2.5，超出仪器线性范围（0～2.0）。为什么会出现这种问题？该怎样优化实验以保证测量结果的准确性？

2.4 实验 4：流式细胞仪实验

流式细胞术是一种高效的多参数细胞分析技术，广泛应用于免疫学、肿瘤学、干细胞研究等领域。在免疫表型分析中，它可快速检测细胞表面标志物（如 $CD4^+$/$CD8^+$ T 细胞亚群），评估免疫状态；在肿瘤研究中，能识别循环肿瘤细胞（CTC）或监测微小残留病灶（MRD），辅助诊疗决策。此外，流式技术可用于细胞周期与凋亡分析（如 PI/Annexin V 染色）、胞内细胞因子检测（如 Th1/Th2 分化）及干细胞分选（如 $CD34^+$ 细胞富集）。其高通量特性（每秒数万个细胞）结合多色荧光方案（可达 30＋参数），使研究人员能深入解析细胞异质性。通过设门（gating）策略和补偿调节，流式数据可揭示细胞功能、增殖及信号通路动态，为基础研究和临床诊断提供关键依据。

2.4.1 仪器工作原理

流式细胞仪的工作原理基于细胞在液流中的单行排列及光学检测。首先，样本细胞经鞘液包裹，通过流体聚焦技术形成单细胞流，依次通过激光照射区。当细胞经过激光束时，会产生两种关键信号：散射光（反映细胞物理特性）和荧光信号（反映分子标记）。其中，前向散射光（FSC）与细胞大小相关，侧向散射光（SSC）反映细胞内部复杂程度；而荧光信号则来自预先标记的抗体或染料（如 FITC、PE 等），由光电倍增管（PMT）接收并转换为电信号。多激光系统（如 488nm 蓝激光、640nm 红激光）可激发不同荧光染料，实现多参数同步检测。数据经计算机分析后，通过设门和补偿校正排除干扰，最终以散点图或直方图呈现细胞亚群比例、表面标志物表达量等功能信息。该技术的高灵敏度（可检测低至 100 个分子）与高通量（每秒分析数万个细胞）使其成为细胞研究的核心工具。

2.4.2 仪器操作过程

本教材以 BD FACSverse™ flow cytometer 为例，介绍流式细胞仪的上机操作步骤。该仪器可定性、定量分析细胞膜、细胞质和细胞核中的各种细胞成分以及细胞的功能状态，如细胞周期检测、细胞凋亡检测、细胞因子检测、免疫分型、绝对计数、细胞表型分析、细胞增殖检测、基因表达检测等。操作步骤如下。

① 开机前或关机后检查鞘液桶中是否需要添加鞘液；清空废液桶中的废液后，添加 500mL NaClO 溶液（NaClO 原液稀释 20 倍后使用）清洗废液桶，并用纯净水清洗干净（注意：仪器运行时最好不要进行此项操作）。鞘液成分为一定浓度的 NaN_3（叠氮化钠）或标准较高的纯净水。

② 插上电源，打开稳压器，打开电脑，电脑主机显示器右下角网络连接图标显示为×号。

③ 按下仪器 Power 键，启动仪器（正常启动，电源键为绿色），20min 后激光器预热完成。

④ 待×号变为！时，即可运行 FACSuit 软件；连接成功，则工作界面左下角状态符号

显示为 Connected；液流系统就绪，则工作界面左下角状态符号显示为 Fluidics。

⑤ 正式测定样品前，自下而上执行以下 4 步操作：Cytometer Fluidics SIT Flush 反冲，执行此步操作前取下样品管（自动结束）；Purge Sheath Filter 排气泡、清洗；Drain and Fill Flow Cell 流动室排空气，上样针处添加一管干净的蒸馏水，点击确定；Clean Curvette 清洗流动室，此步所需水量稍多，管中水量不能太少（2～3mL）。

⑥ 上述 4 步完成之后，先做一个水样，测试仪器状态，Flow rate 调至 High，水样较为干净时，Threshold Rate 值较小，一般在 50 events/s 以下。

⑦ 水样采集完成之后，取下样品管，进样针上的指示灯为黄色，指示灯变为绿色时，即可套上测试样品。

⑧ 第一个测试样品为阴性对照样品（细胞未用任何荧光染料进行染色），Flow rate 调至 Low，主要用于调试电压，电压调试好之后，细胞位于 FSCA× SSCA 图像的角落。阴性对照样品需要的量较多，应加大备用量。样品测试时，先点击“Preview”（采样，但不收集数据），然后调试电压，点击“Restart”，重复 3 次左右即可将电压调试好。电压调试好之后，点击“Acquire”，开始采样同时收集数据。

⑨ 测试完成之后，在操作软件中点击“next tube”添加新的样品管（该管属性带有上一样品管属性），并选中；取下样品管，仪器自动反冲（灯光为黄色），灯光变为绿色即可测试下一个样品；下一个测试样品为单个荧光染料进行染色的样品，主要用于调整荧光补偿值；调整好之后，荧光染色细胞重心高度与阴性对照细胞一致，其他荧光强度数值为 0。

⑩ 样品用 n 种染料进行荧光标记，则需要调整荧光补偿值 n 次；单个染料进行荧光标记，则不需要调整荧光补偿值。

⑪ 测试完成之后，在操作软件中点击“next tube”添加新的样品管（该管属性带有上述所有样品管属性），并选中；取下样品管，仪器自动反冲（灯光为黄色），灯光变为绿色即可上正式样品管（多重荧光染料同时标记不同类群的细胞）。

⑫ 正式样本测试完成，即可进行数据分析，包括门的设置（分析某一类群细胞）、十字象限划分、细胞成分分析。

⑬ 样品测试全部完成，执行 daily clean，将 3mL 稀释 20 倍的 NaClO（国产原液）溶液上样，高速运行 10min，清洗管路。

⑭ NaClO 溶液清洗完成，用标准较高的纯水 3mL 走样 2 次，每次 15min，清洗管路中残存的 NaClO。

⑮ 清洗完成，点击“Cytometer”菜单中的“shut down”，仪器状态灯由绿色变为黄色，即可关闭电源，随后关闭电脑和显示器。

⑯ 进样针处保留 1 管较为干净的去离子水（任何时候进样针处样品管不能为空，仪器未使用时需添加适量的去离子水）。

2.4.3 仪器故障维修方法

仪器开机或运行时出现故障，根据提示信息操作后仍然无法修正，通过以下途径获取故障发生时产生的报告。

① 在 FACSuite 软件中的 Cytometer—Maintenance—Generate System Health Report，根据日期、时间将生成的两个文件拷贝出来：system health report connected 月日年 txt 和

zip 文件。

② 关闭 FACSuite 软件，在电脑桌面上找到 ServiceClient 文件夹，打开，找到 Service-Client. exe 文件，双击打开，选择“Cytometer—Connect—Get Log File”，根据提示将其保存在自定义的位置，将以上文件发送给您所在区域的工程师或技术支持，或拨打技术服务电话以获得准确、有效的支持。

2.4.4 注意事项

① 样本制备规范　单细胞悬液，必须充分消化或过滤（如 70μm 滤网），避免细胞聚集堵塞管路；选择活性细胞，死细胞易非特异性结合抗体，建议使用活性染料（如 7-AAD）排除。

② 抗体优化与对照设置　避免过量抗体导致高背景，需预实验确定最佳浓度；需要有严格对照，包括空白对照、单染色补偿对照和同型对照（排除非特异性结合）。

③ 荧光补偿调节　多色实验时需用单染色样本调节荧光渗漏（如 FITC 信号进入 PE 通道）；合理选择荧光染料组合（如 PE 与 PE-Cy5 需分开检测）。

④ 数据采集参数优化　根据 FSC/SSC 排除碎片，确保目标细胞群信号清晰，采集速度通常≤1000cells/s，过高速度可能导致信号重叠（“双峰”现象）。

⑤ 数据分析严谨性　设门策略需逻辑清晰（如先选活细胞→单细胞→目标亚群），避免主观偏差；排除异常信号，检查脉冲宽度（如 FSC-H vs FSC-A），去除细胞团块或气泡干扰。

⑥ 避光操作　荧光标记样本需全程避光，防止猝灭。

⑦ 记录实验参数　如激光功率、滤光片配置等，确保结果可重复；尽快完成数据导出与处理。

2.4.5 流式细胞仪的应用案例——$CD3^+$ $CD8^+$ T 细胞分析

（1）实验目的

检测外周血或培养细胞中 $CD3^+CD8^+$ T 细胞的比例，评估细胞毒性 T 细胞（CTL）的免疫状态，适用于免疫学研究、肿瘤微环境分析或感染性疾病（如病毒感染）的免疫监测，掌握流式细胞仪分析的基本使用方法。

（2）实验原理

CD3：T 细胞表面共同标志物（所有 T 细胞均表达）。CD8：细胞毒性 T 细胞（CTL）和部分自然杀伤细胞的标志物。荧光标记抗体：anti- CD3- BD Horizon™ V450（激发波长：405nm，发射波长：448nm），anti-CD8-FITC（激发波长为 488nm，发射波长为 530nm）。流式检测：通过 BD FACSverse™ 的 488nm 和 405nm 双激光系统激发荧光信号，分析细胞表面 CD3 和 CD8 共表达情况。

（3）实验步骤

① 样本制备　取新鲜外周血（EDTA 抗凝）或培养的淋巴细胞，用 Ficoll 密度梯度离心分离 PBMC（外周血单个核细胞）。PBS 洗涤 2 次，调整细胞浓度至 1×10^6 cells/mL。

② 抗体染色　取 100μL 细胞悬液（约 1×10^5 cells）至流式管。加入 anti- CD3- BD

Horizon™ V450（1μL）和 anti-CD8-FITC（1μL）（按抗体说明书优化浓度）。混匀，4℃避光孵育 30min。

③ 洗涤与重悬　加入 2mL PBS（含 1% FBS）洗涤，300×g 离心 5min，弃上清；重悬于 300μL PBS 或 1%多聚甲醛固定（如需长期保存）。

④ 流式检测　打开 BD FACSverse™，预热激光，用 CS&T 微球校准仪器。设置阈值（FSC/SSC），调整电压使阴性群体位于 $10^0\sim10^1$ 范围。使用单染样本（CD3-APC 单独、CD8-FITC 单独）调节荧光补偿。上样采集数据，至少获取 10000 个淋巴细胞事件。

⑤ 数据导出　从仪器软件工作站中导出数据，注意记录实验参数，如激光功率、滤光片配置等，确保结果可重复。

（4）数据分析

① 设门策略　FSC vs SSC 圈选淋巴细胞群（排除碎片和粒细胞）；FSC-H vs FSC-A 排除细胞团块（选择单细胞）；$CD3^+$ 细胞群在 APC 通道（CD3）中设门；$CD3^+CD8^+$ 细胞在 FITC 通道（CD8）中分析 $CD3^+$ 群体内的 CD8 表达。

② 结果呈现　散点图 X 轴（CD3- BD Horizon™ V450）、Y 轴（CD8-FITC）显示，$CD3^+CD8^+$ T 细胞比例（图 2-18）。统计指标：$CD3^+CD8^+$ T 细胞占淋巴细胞的比例。

③ 示例数据　健康人外周血中，$CD3^+CD8^+$ T 细胞占淋巴细胞的 20%～40%（比例异常可能提示免疫异常或感染）。

④ 流式检测　打开 BD FACSverse™，预热激光，设置阈值（FSC/SSC），调整电压使阴性群体位于 $10^0\sim10^1$ 范围。使用单染样本（CD3- BD Horizon™ V450 单独、CD8-FITC 单独）调节荧光补偿。上样采集数据，至少获取 10000 个淋巴细胞事件。

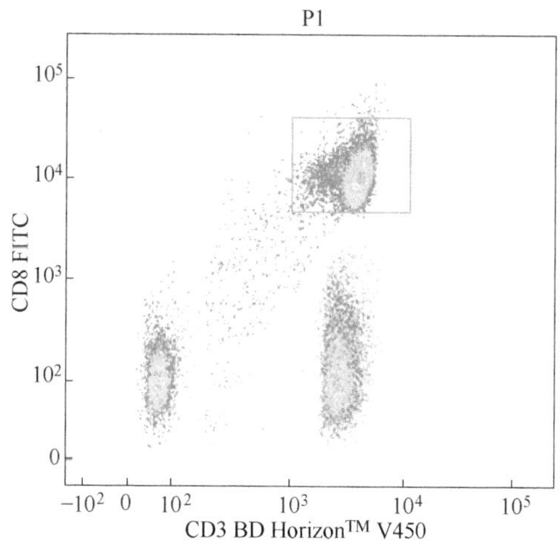

图 2-18　$CD3^+$ $CD8^+$ T 细胞

2.4.6 练习题

（1）选择题

① 流式细胞仪检测的核心信号不包括（　　）。

A. 前向散射光（FSC）

B. 侧向散射光（SSC）

C. 紫外吸收光谱

D. 荧光信号

② 前向散射光（FSC）主要反映细胞的（　　）特性。

A. 细胞内部颗粒度

B. 细胞大小

C. 细胞表面标志物表达

D. 细胞凋亡状态

③ 在流式实验中，荧光补偿的目的是（　　）。

A. 增强荧光信号强度

B. 校正不同荧光染料的光谱重叠

C. 减少细胞碎片干扰

D. 提高检测速度

④ 以下是流式细胞仪在免疫学中的典型应用的是（　　）。

A. 蛋白质电泳

B. $CD4^+CD8^+$ T 细胞亚群分析

C. 组织切片染色

D. 细菌培养

⑤ 样本制备时，为避免管路堵塞，应采取的措施是（　　）。

A. 使用 70μm 滤网过滤单细胞悬液

B. 增加抗体浓度

C. 延长孵育时间

D. 降低激光功率

⑥ 多色流式实验中，必须设置的对照是（　　）。

A. 仅空白对照

B. 单染补偿对照和同型对照

C. 仅同型对照

D. 无须对照

⑦ 检测细胞凋亡时，Annexin V 结合的是（　　）分子。

A. 细胞膜磷脂酰丝氨酸（PS）

B. DNA 断裂片段

C. 线粒体膜电位

D. 细胞核内组蛋白

⑧ 流式数据采集时，为避免信号重叠（“双峰”现象），建议的采集速度为（　　）。

A. ≤1000cells/s

B. ≥10000cells/s

C. 50000cells/s

D. 与速度无关

⑨ 数据分析时，FSC-H vs FSC-A 散点图的作用是（　　）。

A. 区分细胞大小

B. 排除细胞团块或气泡干扰

C. 分析荧光补偿

D. 计算细胞周期

⑩流式实验结束后，管路清洗通常使用的溶液是（　　）。

A. 纯水

B. 稀释的 NaClO（次氯酸钠）溶液

C. PBS 缓冲液

D. 乙醇

（2）判断题

① 流式细胞仪的前向散射光（FSC）信号强度与细胞大小呈正相关。（　　）

② 多色流式实验中，无须设置单染补偿对照，可直接通过软件自动校正荧光溢漏。（　　）

③ 检测细胞凋亡时，Annexin V-FITC 和 PI 双染中，PI 阳性细胞一定为晚期凋亡或坏死细胞。（　　）

④ 流式数据采集时，提高流速（High Flow Rate）不会影响信号分辨率和数据质量。（　　）

⑤ 流式实验结束后，可直接关闭仪器电源，无须清洗管路。（　　）

（3）讨论题

流式数据复杂，如何设计合理的设门策略以提高结果的可信度？请举例说明。

2.5 实验 5：核酸蛋白测定仪实验

核酸蛋白测定仪广泛应用于分子生物学、生物化学、医学研究等领域，例如基因组学、转录组学研究，病毒核酸检测（如 qPCR 前的样本准备），质粒 DNA 提取后的质量验证，Western blot、ELISA 等实验的蛋白定量等。核酸蛋白测定仪主要由光源系统、分光系统、样品检测系统、检测器、控制系统及辅助模块组成，用于快速、准确测量核酸（DNA/RNA）和蛋白质浓度，可作为分子生物学和生物化学实验教学的核心工具，帮助学生掌握生物分子定量分析技术，同时通过实操训练培养科研思维和实验技能，为未来生命科学研究和医学检测应用奠定基础。

2.5.1 仪器工作原理

核酸蛋白测定仪基于紫外-可见分光光度法，通过物质对特定波长光的吸收特性进行定量分析。在核酸检测中，DNA/RNA 在 260nm 处有强吸收峰，因此根据 A_{260}/A_{280} 的值判断核酸纯度。DNA 纯度要求为 1.7～1.9，RNA 纯度要求为 1.9～2.1。蛋白质在 280nm 处有吸收，直接紫外法或结合染料（如考马斯亮蓝法）增强特异性。

2.5.2 仪器操作过程

本教材以安捷伦 Epoch Biotech Take 3 为例，介绍核酸和蛋白质的检测操作步骤。

① 打开 Gen5 软件，出现任务管理器界面，选择“立即检测”，根据检测样品类型选择 Take3 应用程序下方的核酸定量或蛋白 A_{280}。

② 板布局　例如，选择核酸定量，出现核酸定量界面，选择合适的孔类型和样品类型，然后进行板布局（图 2-19）。

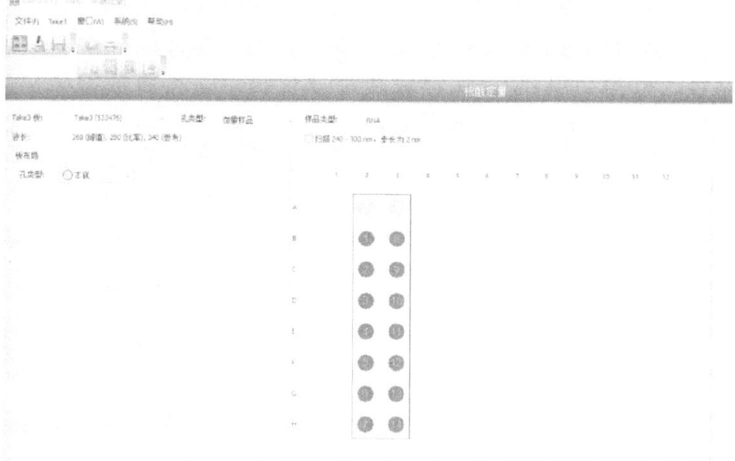

图 2-19　核酸定量界面

样品类型：dsDNA、RNA、ssDNA。

孔类型：微黑子（即微量样品点），BioCell，样品池（即标准比色皿）。

板布局：根据具体实验要求选择本底（即空白）或样品进行布板。软件会自动计算空白平均值并扣除空白，再进行样品的浓度计算。

③ 加样：打开微量检测板，加样后合上微量检测板。

微量样品点：使用移液枪加液 2～5μL。

BioCell：加样后放置于 A9 和 H9 位置，并确保加样孔在右侧，测量时应取下塞子。

标准比色皿：加样后带塞横放于 E10 和 E11 位置，并确保比色皿在两孔范围内无气泡，透明面朝上。

④ 检测并保存数据：加样完成后，点击界面右侧检测按钮，软件会提示将板置于载板台上（图 2-20）。将微量检测板放在仪器载板台上，确保微量检测板 A1 位与仪器载板台 A1 位一致。点击确定，仪器会自动进板检测。

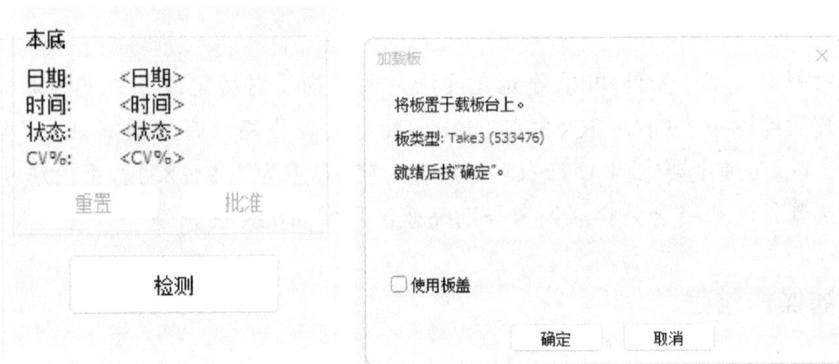

图 2-20 软件提示

检测完成后，软件会自动计算出空白孔之间的变异系数（CV，应小于 10%，如大于 10%，应选择重置按钮，重新加样检测），并显示在界面右侧。点击批准（图 2-21），软件会自动将数据导出至 Excel，选择保存即可。检测结束后，软件提示保存实验，根据需要选择适当的保存路径，点击"保存"，保存完成后软件提示是否将数据导出至 Excel，点击"Yes"将导出全部实验信息及数据结果；如果点击"No"，则可后续打开实验，根据需要导出结果至 Excel。实验结束后，可以在数据"data"下拉框中查看检测获得的数据，并可通过点击图标，随时将需要的数据导出至 Excel 表格。

2.5.3 仪器使用注意事项

① 孔板的选择主要依据孔板类型和孔板材质。

孔板类型：透明的 6～384 孔板（图 2-22），以及条板（样品数量不多时可用）。

孔板材质：检测 340nm 以下波长的吸收光，建议使用 UV（紫外可透）微孔板或石英微孔板，避免塑料材质对紫外光的吸收，影响检测结果。检测 340nm 以上波长的吸收光时，可使用普通材质的微孔板。

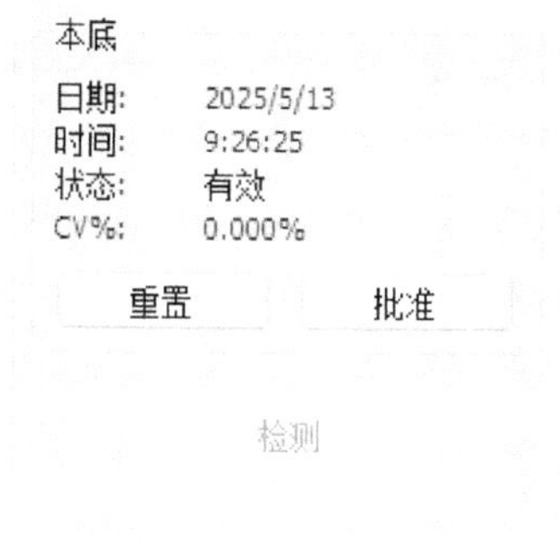

图 2-21　变异系数显示

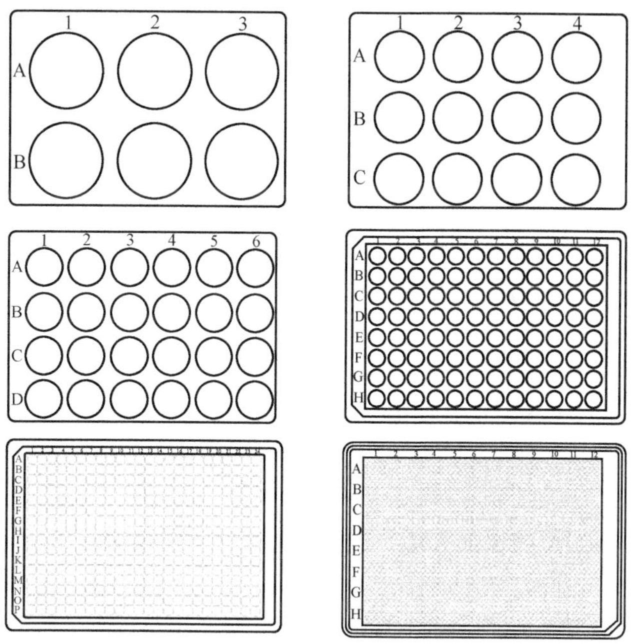

图 2-22　不同通量孔板类型

② 上机检测前准备　确认试剂盒说明书中的检测方法与相应参数，吸收光法需要确定检测的波长。

③ 开机顺序　开机时先打开仪器，再打开桌面 Gen5 软件。

④ 关机顺序　先关闭 Gen5 软件，再关闭仪器电源。

⑤ 注意酶标板放置的方向　A1 孔与载板台右上角 A1 标识位置对应（图 2-23），这样在软件上选的检测区域与实际板中的位置才是对应的。当程序开始运行时，载板台将自动弹出，不要手动弹出载板台。检测结束后，载板台会自动弹出，可以按仪器左下角圆形的按钮使载板台回到仪器内。

图 2-23　孔板放置方向

⑥ 大部分酶标实验无须带盖，带盖检测影响灵敏度。如需带盖，记得在软件上勾选“use lid”，否则可能出现卡板问题。

⑦ 出现 overflow，表示检测信号超出仪器量程上限，需将样品稀释后再检测。

⑧ 光程校正只有当需要 1cm 光程的 OD 值时才需要勾选，大部分情况无须选择。

⑨ 完成检测后及时保存实验数据，原始文件为 expriment（xpt）文件。保存 xpt 格式文件后，随时都可以查看实验结果和进行 Excel 的导出。

⑩ 实验结束后，若 1h 内无人检测，请及时按照顺序要求关闭仪器，避免仪器长时间待机。

2.5.4　核酸蛋白测定仪的应用案例——斑马鱼胚胎 RNA 含量的检测

（1）实验目的

掌握斑马鱼胚胎 RNA 的提取方法；掌握核酸蛋白测定仪 Epoch Biotech Take 3 的使用方法。

（2）实验原理

斑马鱼胚胎 RNA 提取使用的是 Trizol 法，Trizol 是从细胞和组织中提取总 RNA 的即用型试剂，在样品裂解或匀浆过程中，Trizol 能保持 RNA 完整性。加入氯仿后，溶液分为水相和有机相，RNA 在水相中。取出水相，用异丙醇可沉淀回收 RNA。核酸蛋白测定仪基于紫外-可见分光光度法，通过物质对特定波长光的吸收特性进行定量分析。在核酸检测中，RNA 在 260 nm 处有强吸收峰，因此根据 A_{260}/A_{280} 的值判断 RNA 纯度。RNA 纯度要求为 1.9～2.1。

（3）实验步骤

实验步骤包括斑马鱼胚胎 RNA 的提取（①～⑩）和 RNA 含量及质量检测（⑪～⑭）。

① 向装有 60 枚胚胎的 EP 管中每管加入 4 颗匀浆珠，向每管中加入 400μL TRIzol® 溶液，此操作在通风橱中进行。

② 加好后放入组织研磨仪中匀浆。室温静置 5～10min 后，在 4℃下 12000×g 离心 5min。离心后取新的 RNase-free EP 管，将上清液小心地吸入新的 RNase-free 的 EP 管中

（根据离心情况选择是否继续离心）。

③ 加入 1/5 TRIzol（80μL）体积的氯仿，剧烈振荡混匀 30s。

④ 静置 5min，在 4℃下 12000×g 离心 20min（可根据离心情况选择是否继续离心）。

⑤ 将上清液移至新的 EP 管，吸取上清液的时候注意不要吸到白色的中间层。

⑥ 加入与上清液等体积的异丙醇，反复颠倒混匀，加入异丙醇的目的是沉淀 RNA。

⑦ 室温静置 10min 后，在 4℃下 12000×g 离心 10min，弃上清。

⑧ 向沉淀中加入 75%的乙醇（100μL）用来洗涤 RNA。

⑨ 在 4℃下 12000×g 离心 5min，弃上清，保留沉淀。反复用 75%的乙醇洗涤 3～4 次后，用无水乙醇（100μL）洗一次。

⑩ 在通风橱中晾干 5～10min，使乙醇挥发（避免完全干燥），不可离心。干燥后加入 20μL DEPC 水，用移液器吸头混匀。

⑪ 打开 Gen5 软件，出现任务管理器界面，选择“立即检测”，选择 Take3 应用程序，在下方样品类型中选 RNA。

⑫ 打开微量检测板，取 2μL RNA 溶液加至 Take 3 板上，加样后合上微量检测板。

⑬ 加样完成后，点击界面右侧检测按钮，点击确定，仪器会自动进板检测。

⑭ 检测完成后，软件会自动计算出空白孔之间的变异系数（CV，应小于 10%，如大于 10%，应选择重置按钮，重新加样检测），并显示在界面右侧，点击批准，软件会自动将数据导出至 Excel，选择保存即可。A_{260}/A_{280} 的值在 1.8～2.1 之间时为理想。

（4）结果分析

斑马鱼胚胎 RNA 质量是看 A_{260}/A_{280} 的值，在 1.8～2.1 之间时为理想。RNA 的浓度为 274.90～419.96ng/μL（图 2-24）。

样品检测号	孔 ID	名称	位置	260 Raw	280 Raw	340 Raw	260	280	260/280	ng/μL
1	SPL1		B2	0.442	0.26	0.077	7.649	3.807	2.009	305.957
1	SPL2		C2	0.512	0.279	0.042	9.985	4.997	1.998	399.398
1	SPL3		D2	0.507	0.273	0.038	10.013	4.999	2.003	400.518
1	SPL4		E2	0.478	0.259	0.037	9.416	4.72	1.995	376.644
1	SPL5		F2	0.476	0.258	0.037	9.394	4.694	2.001	375.768
1	SPL6		G2	0.517	0.278	0.037	10.277	5.117	2.008	411.089
1	SPL7		H2	0.434	0.237	0.037	8.426	4.216	1.998	337.051
1	SPL8		B3	0.545	0.294	0.043	10.499	5.229	2.008	419.958
1	SPL9		C3	0.496	0.275	0.048	9.428	4.749	1.985	377.121
1	SPL10		D3	0.435	0.239	0.038	8.378	4.216	1.987	335.126
1	SPL11		E3	0.365	0.203	0.038	6.873	3.446	1.994	274.904
1	SPL12		F3	0.428	0.247	0.04	8.213	4.363	1.883	328.535
1	SPL13		G3	0.394	0.231	0.059	7.102	3.625	1.959	284.093
1	SPL14		H3	0.392	0.219	0.039	7.452	3.772	1.976	298.073
2	SPL1		A2	0.458	0.25	0.04	8.776	4.371	2.008	351.052
2	SPL2		B2	0.386	0.216	0.042	7.223	3.633	1.988	288.936
2	SPL3		A3	0.436	0.238	0.039	8.268	4.112	2.011	330.732
2	SPL4		B3	0.402	0.225	0.04	7.548	3.842	1.964	301.903

图 2-24 斑马鱼胚胎 RNA 浓度数据

2.5.5 练习题

（1）选择题

① 核酸蛋白测定仪检测 DNA 纯度时，A_{260}/A_{280} 的正常范围是（　　）。

A. 1.2～1.5　　B. 1.7～1.9　　C. 1.9～2.1　　D. 2.0～2.5

② 安捷伦 Take3 检测蛋白质时，主要利用蛋白质在（　　）的吸收峰。

A. 260nm　　B. 280nm　　C. 595nm　　D. 562nm

③ 使用核酸蛋白测定仪时，若 A_{260}/A_{280} 值低于 1.7，可能的原因是（　　）。

A. RNA 降解　　B. 蛋白质污染　　C. 盐类残留　　D. 乙醇未挥发干净

④ 在斑马鱼 RNA 提取实验中，加入氯仿的作用是（　　）。

A. 沉淀 RNA　　B. 裂解细胞　　C. 分离水相和有机相　　D. 去除蛋白质

⑤ 使用微量检测板（如 Take3）时，推荐的加样体积是（　　）。

A. 0.1～0.5μL　　B. 2～5μL　　C. 10～20μL　　D. 50～100μL

（2）判断题

① 核酸蛋白测定仪检测 RNA 时，A_{260}/A_{280} 值为 1.6，表示 RNA 纯度良好。（　　）

② 安捷伦 Take3 检测蛋白时，必须使用 Bradford 染料法。（　　）

③ 在酶标板检测中，若检测波长低于 340nm，建议使用普通塑料微孔板。（　　）

（3）讨论题

在临床诊断（如病毒核酸检测）中，该仪器如何保证结果的准确性和效率?

2.6 实验 6: 等温滴定量热仪实验

等温滴定量热仪广泛用于生物分子相互作用的研究，包括蛋白质-蛋白质相互作用、蛋白质-小分子相互作用、核酸相互作用等。通过直接测量反应过程中的热量变化，提供分子之间相互作用的热力学参数和结合常数。它的分析不需要对被测分子进行任何修饰，避免了外来结构带来的干扰，其分析准确、可靠、数据全面且无须标记等特点，成为教学和科研中广泛应用的分析类仪器。

2.6.1 仪器工作原理

等温滴定量热法的分析原理是基于直接测量生物分子间的相互作用过程中释放或吸收的微小热量变化，其核心是通过高灵敏度的热敏元件实时监测反应体系的热力学过程。

2.6.2 仪器操作过程

本教材以 Nano ITC 为例，介绍等温滴定量热仪的上机操作步骤（图 2-25）。

（1）准备工作

① 保持室温在 25℃左右。

② 插上电源，打开主机，打开仪器，待计算机检测到 Nano ITC，启动操控软件 ITCRun，如图 2-26 所示。

（2）样品前处理

将样品（滴定物及被滴定物）及缓冲溶液置入 degassing station 进行脱气（15min 以上）。

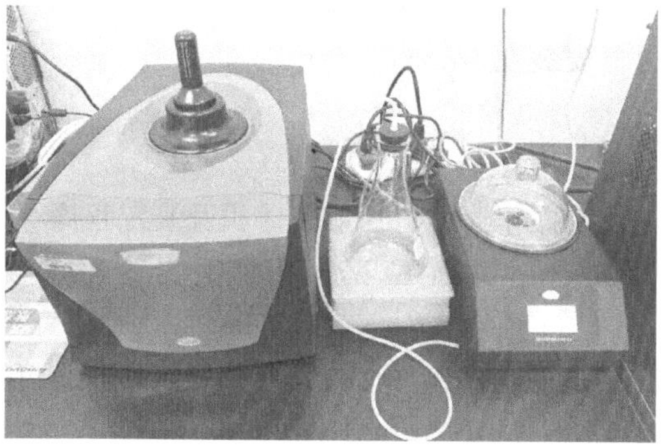

图 2-25　等温滴定量热仪

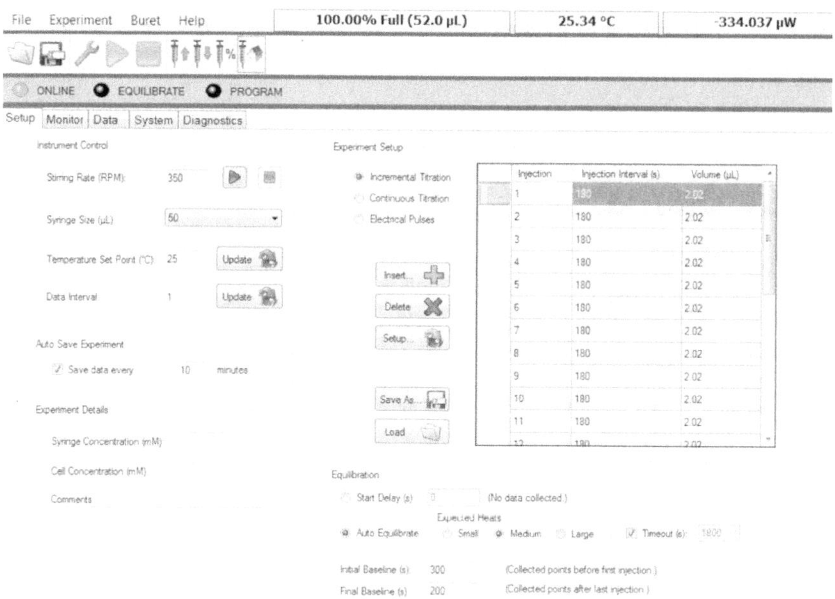

图 2-26　ITC 软件界面

（3）样品池装载

① 用进样针吸取缓冲溶液（与样品相同的缓冲溶液）润洗样品池 6 次。

② 移出样品池内缓冲溶液后，将样品缓慢地加入样品池。

（4）参比池装载

① 以相同的方式用脱气的超纯水润洗参比池。

② 移除超纯水后，使用上样针吸取脱气的超纯水并缓慢地加入参比池中。

（5）注射器装载

① 仔细地将滴定物装载至注射针筒中，将小气泡固定在推杆前，并确认液体内无任何气泡残留。

② 将注射针筒以旋转的方式安装在注射器上。

③ 再将组合好的注射器安装在 Nano ITC 上。

(6) 软件操作

① 设定搅拌速率，并启动搅拌马达。

② 在 Setup 页面中，设定操作温度、注射器体积及滴定程序等参数。

③ 平衡模式选择：在 Setup 页面右下角可根据实验需求设置实验开始前的平衡模式。

④ 设置完毕后，即可点击开始，选择文件保存路径后，仪器开始运行。

(7) 仪器清洁

① 滴定结束后，小心地将 Nano ITC 仪器上装有注射针筒的注射器移除，并利用上样针将样品从样品池内取出。

② 将清洁针插入样品池内进行清洗，清洁针一端连接到装有洗液或超纯水的烧杯，另一端连接至 degassing station。

③ 安装好后，由真空泵抽气使洗液或超纯水流经样品池，再回到废液瓶中。

(8) 关机

清洗完毕后，将注射器安装好，关闭软件、仪器和电脑。

2.6.3 仪器故障维修方法

(1) 故障 1：滴定峰杂乱无章

样品池不干净，需要重新清洗样品池。

(2) 故障 2：陡峭尖峰

测量池里有气泡，可能是样品未充分脱气或是注入样品时过快导致产生气泡，分析时放弃该点数据，或是将样品充分脱气后重新滴定。

2.6.4 注意事项

① 样品池和注射针筒中的液体不能有气泡。

② 实验之前，可选通过水滴水实验无较大热值信号噪声确认仪器清洗干净，避免因仪器不干净而导致实验失败。

③ 实验中使用的水均为超纯水。

④ 滴定时保证样品池和注射针筒中的溶剂一模一样。

⑤ 控制样品中有机溶剂的含量，最好不要超过千分之一。

2.6.5 等温滴定量热仪的应用案例——检测细交链孢菌酮酸适配体的亲和力

(1) 实验目的

掌握等温滴定量热仪测定细交链孢菌酮酸适配体亲和力的方法。

(2) 实验原理

等温滴定量热仪是用于研究各种生物分子相互作用的一种仪器，它可以直接测量生物分子结合过程中释放或吸收的热量。

（3）实验步骤

① 样品准备。

0.1mmol/L 细交链孢菌酮酸：200μL。

10μmol/L 适配体：500μL。

Buffer：5mL。

样品准备完成后，放入 degassing station 进行脱气。

② 清洗液准备。

2% Decon 90：2000mL。

超纯水：4000mL。

③ 等温滴定量热法步骤。

上样针（量程：500μL）；滴定针筒（量程：50μL）。

洗液：800mL 的 2% Decon 90；1800mL 的超纯水（一次清洗所需量）。

温度：25℃。

滴定速度：2μL/针，共 25 针，每针间隔 180s。

样品池装载：300μL 的 Buffer 或 10μmol/L 适配体。

注射针筒装载：50μL 的 0.1mmol/L 细交链孢菌酮酸。

搅拌速度：350r/min。

先滴定 Buffer（空白对照组），然后将仪器进行清洗，再滴定适配体（实验组）。

（4）数据分析

在 Launch NanoAnalyze 中打开滴定文件，手动填写样品浓度，并扣除空白组的热量变化，获得细交链孢菌酮酸和适配体之间相互作用的变化，手动选择函数进行拟合，获得结合常数等数据。

（5）等温滴定量热法分析结果

0.1mmol/L 细交链孢菌酮酸滴定适配体的结果如图 2-27 所示。扣除空白组后拟合的结果如图 2-28 所示。

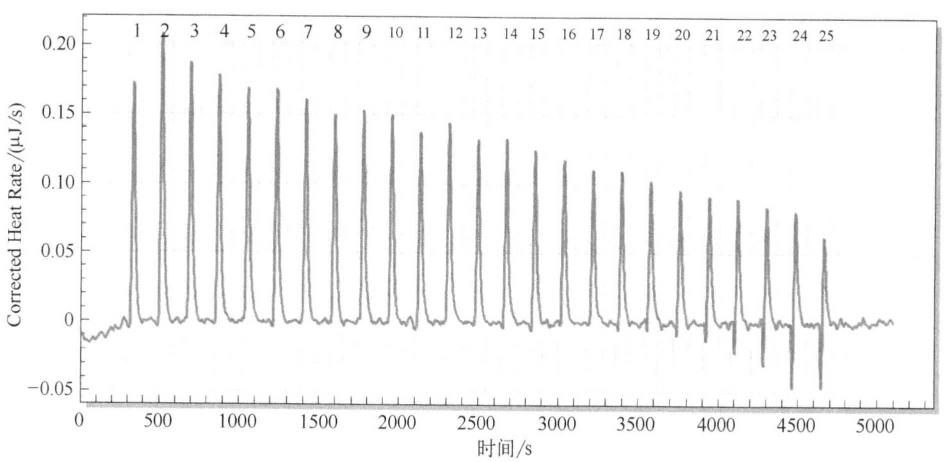

图 2-27　细交链孢菌酮酸滴定适配体

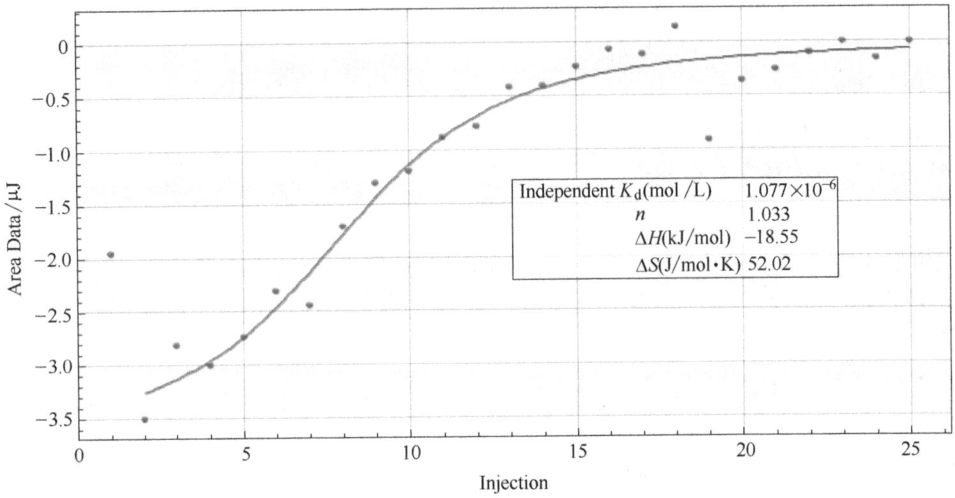

图 2-28 细交链孢菌酮酸滴定适配体拟合分析

2.6.6 练习题

(1) 选择题

① 等温滴定量热仪对样品纯度的要求为（　　）。

A. 无须纯化　　B. 中等纯度（>70%）

C. 高纯度（>95%）　　D. 仅需荧光标记

② 等温滴定量热法中，使用的有机溶剂浓度不宜超过（　　）。

A. 0.001　　B. 0.01　　C. 0.1　　D. 无要求

③ 注射针筒的液体为 PBS 稀释，样品池中的溶液可用（　　）稀释。

A. 超纯水　　B. 生理盐水　　C. 蒸馏水　　D. PBS

(2) 判断题

① 等温滴定量热法需要标记样品分子才能检测结合。（　　）

② 滴定速度越快越好。（　　）

③ ITC 测得的结合常数是通过直接检测反应体系的 pH 变化来计算的。（　　）

(3) 讨论题

为什么可以用微量热法研究分子间的相互作用？

2.7 实验 7：分子互作仪实验

分子互作仪是基于表面等离子体共振原理的分析仪器（图 2-29）。表面等离子体共振（surface plasmon resonance，SPR）是一种用于实时监测分子间相互作用的高灵敏度光学分析技术。

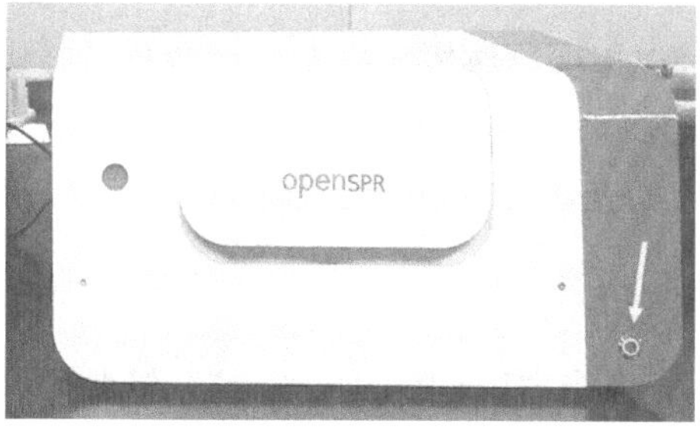

图 2-29　分子互作仪

2.7.1　仪器工作原理

表面等离子体共振，通过检测金属薄膜（通常为金或银）表面等离子体波的折射率变化，来研究生物分子如蛋白质、核酸、脂质等的结合、解离动力学和亲和力。

2.7.2　仪器操作过程

本教材以 Nicoya OpenSPR-2 双通道分子相互作用测定仪为例，介绍分子互作仪上机操作过程。

(1) 开机

加载缓冲液、去离子水（实验所用运行缓冲液一定要用 0.22μm 滤膜充分过滤，并脱气，上样过程避免气体进入）→启动仪器（按下电源键开机）。OpenSPR 出现蓝色背景光，仪器初始化，双击电脑桌面的“OpenSPR”快捷图标，等待仪器连接至电脑，进度条激活，点击“Start”，进入程序（图 2-30）。

图 2-30　分子互作仪软件界面

(2) 设置

编辑缓冲溶液 ▸Priming 润洗（确保此步预装有空白芯片）→确认所选择的缓冲溶液开始润洗，同时用 3mL 缓冲液润洗进样口。

（3）检测光源

使用80%异丙醇浸湿的无尘纸擦净流动池和空白芯片，等待风干，根据提示安装空白芯片，关上盖子，点击“DOCK”按钮，当芯片加载完成后，点击“Next”继续，此时需要2min将流动池充满缓冲液，检查通道内是否有气泡，若存在气泡，注入至少150μL 80%的异丙醇并点击“INJECT”。

（4）安装实验用芯片

更换芯片确保盖子关闭，点击“LoadNewSensor”，根据提示更换芯片：使用80%异丙醇浸湿的无尘纸擦净流动池并风干，用蒸馏水清洗芯片并吹干，芯片缺口在右下角，关上盖子，点击“DOCK”加载芯片，点击“Next”使缓冲液流满流动池并检测信号。

（5）排气泡

点击“BubbleRemoval”并按照提示操作，注入至少150μL的80%异丙醇，点击“Next”开始排气泡，检查流动池内是否还有气泡残留，若出现气泡，可从样品池注入至少150μL 80%异丙醇。

（6）正式实验

输入实验名称→进入数据显示界面→设置温度（接近室温）→切换Running Buffer跑基线时，两条线5min内各自波动在20RU以内算稳定，并同时使用至少2mL Running Buffer清洗进样口→调节流速→固定配体（点击向导中的“Ligand”按钮进入配体固定向导，根据提示选择所用的传感芯片类型）→输入样品分子质量→输入配体信息→点击“INJECT”上样，使用平头注射器执行配体注射进液缓慢，避免产生气泡，注完液体后注射器停留5～6s后取下（每次上完样后应注入1～3mL去离子水或buffer冲洗，再注入一管空气排尽液体）→配体信号评估→分析物上样→进样时，将出现“Injection Details”框，可以输入样品名称和浓度→芯片再生。

（7）关机

要结束SPR实验，必须点击菜单栏左上角的“FINISH”按钮，点击“确认”将结束本次测试→保存所有数据文件→根据提示选择不同的关机程序，若完全关机则分别用去离子水、80%异丙醇、空气冲洗样品池和全部管道。实验结束，将仪器开盖一段时间，晾干后再合上。

（8）数据处理方法

测试文件夹将始终保存在：此电脑\文档\OpenSPR\TestResμLts\测试名称。

① 打开TraceDrawer软件，点击“Add run”添加“TestName-TranceDrawer Export. txt”的文件。

② 在“Ligand Conc（配体浓度）”栏下输入配体的浓度，并勾选需要进行分析的曲线名称，随后单击“OK”，添加“run（运行实验）”。

③ 通过单击“New Overlay”创建一个新的Overlay（叠加层），然后将一个“run（运行实验）”拖动到Overlay中。

④ 右击创建的Overlay，并选择“Duplicate item”（复制项），在Overlay的复制曲线中取消选中无关曲线，只选中分析物和参考曲线。

⑤ 右键单击图形部分，并选择“Zoom to extents”将图形居中。若需要在边界处裁剪曲线，则点击“Modification tab”中的“Curve X axis extent”输入相应值。

⑥ 曲线扣减：只选择参照曲线，在“Modification tab”中应用“Curve subtraction”，

保持原始曲线不被选中，随后修正后的结合曲线将会显现。

⑦ 动力学评估：右键单击需要进行评估的 Overlay，选择“Kinetics Evaluation”。在结合曲线的结合项开始部分左键单击并拖动一个框以进行图形放大。

⑧ 将“Concentration Change Bar”（浓度变化条）拖到结合项开始的时间（信号开始增加的地方），然后点击“Add Change”；同样地，将“Concentration Change Bar”（浓度变化条）拖到信号开始减少的点，即结合项结束的时间，然后点击“Apply Change”。

⑨ 在“Kinetics Evaluation”（动力学评估）右键单击最开始的浓度那行并按“Use curve property concentration”（使用曲线特征浓度）来创建原始运行实验时输入的浓度，浓度变化结束时曲线的浓度应保持在 0，然后按“Next”。

⑩ 从“Fit Model”（拟合模型）的下拉列表中选择所需的拟合模型（One to one）。按“setting”，并将 Ka、Kd 在“Scope”内设置为“Global”。Bmax 和 BI 应设置为“Local”，选择“OK”即可进行拟合。

2.7.3 仪器故障维修方法

（1）系统显示没有连接

首先确保通过使用 USB 数据线将 OpenSPR 连接到电脑，并且对电源进行开关操作（关掉再打开）。如果系统仍不能连接，关闭软件，关闭 OpenSPR。拔下连接 OpenSPR 和电脑的 USB 数据线，并重新插上连接。打开仪器电源。打开电源后，再重新打开软件。如果系统仍然没有连接，重新启动计算机并重复仪器电源的开关操作。如果这些操作仍不能解决连接问题，请与仪器公司客户代表联系。

（2）传感芯片峰值在意外位置跟踪，并出现警告提示

检查缓冲液是否流经系统。如果没有，检查进水管，以确保它完全浸没在运行缓冲液中。如果进水管被完全浸没，可能在系统管道中有一个堵塞物阻碍缓冲液流动。如果缓冲液流路很好，传感器芯片很可能被反向安装。点击“No”停止泵。拆下传感芯片，确保传感芯片和流动池完全干燥，然后再插入传感芯片，使用传感芯片的另一侧与流动池相互作用。启动泵并开始缓冲液流动，观察峰值位置，如果现在看起来高于 549nm，那么传感芯片已经安装正确。

（3）找不到拟合数据（不能跟踪传感芯片峰值）

如果峰值强度太低或太宽，软件将无法正确地找到和跟踪传感芯片的峰值位置。如果传感芯片多次重复使用，这意味着传感芯片的性能并不是最优的，此时应该使用新的传感芯片。

（4）流动池中存在气泡

气泡最有可能发生在实验开始时，即流动池充满缓冲液的最初时间。在这种情况下，可将流速增加到最大值（150μL/min）。如果泡沫仍未被除去，请按照下面的程序处理：将改变泵的转速调整为 150μL/min。将控制阀置于“Load”位置，用水对进样口进行冲洗，并最后用注射器向进样口注入空气。配制体积分数为 80%异丙醇（IPA）水溶液。用指定的注射器吸取至少 300μLIPA 溶液并注入进样口，注意不要在 IPA 溶液中引入任何气泡。快速旋转控制阀至“Inject”（注入）位置，然后注入 80% IPA 溶液。10s 后，将控制阀旋回到“Load”位置。检查流动池中是否有残留气泡。如果仍然存在气泡，则重复几次。当所有气泡清除后，用清水彻底清洗进样口，并最后用注射器向进样口注入空气，然后在进行实验前用运行缓冲液清洗。

2.7.4 注意事项

① 仔细阅读仪器操作说明书。

② 仅用于室内操作，仅供科研使用。

③ 确保在使用过程中有适当的通风。

④ 操作时需有人看护，仪器请勿 24h 连续操作。

⑤ 仪器不防水，不要把液体洒在仪器上面，小心漏电。

⑥ 在强磁场的情况下不要操作系统。

⑦ 灰尘可能干扰仪器，建议使用压缩空气清除完成测试后可能积聚在系统中的任何灰尘，并盖上密闭盖子以防尘。

⑧ 用镊子处理传感器芯片，戴手套和其他适当的个人防护设备。如果皮肤接触传感器芯片，请用水冲洗暴露区域 15min。

⑨ 在测试前仔细检查管路和接头。

⑩ 需注意用于 OpenSPR 仪器的化学品、材料及液体，需要保证其安全性和适当性。使用后可将传感芯片作为危险废物进行妥善处理。

⑪ 不要打开仪器电子部件，在开启泵之前，确保 Outlet 管路的出口放置在适当的废物容器中，以接收废液。

⑫ 如果检测到有液体泄漏，请立即关闭仪器。

⑬ 在 OpenSPR 上只能使用钝头的注射针头，使用尖的针头会损坏注射口。

2.7.5 分子互作仪实验案例——基于 LSPR 确证分析赭曲霉毒素 A 替代型核酸适配体（apt2-OT）的亲和力

（1）实验目的

掌握分子互作仪测定核酸适配体亲和力的基本原理和操作方法。

（2）实验原理

表面等离子体共振技术，通过检测金属薄膜（通常为金或银）表面等离子体波的折射率变化，来研究纳米抗体与核酸适配体的结合、解离动力学和亲和力。

（3）实验步骤

利用局部表面等离子体共振（LSPR）确证 apt2-OT 亲和力。以筛选缓冲液作为平衡缓冲液，以 pH 1.5 的 10mmol/L 甘氨酸-HCl 溶液为再生液。所有实验用缓冲液在使用前均经 0.22μm 滤膜过滤，超声脱气。在室温下，固定生物素芯片于仪器上，进样 150μL 浓度为 0.5μmol/L SA（链霉亲和素）与芯片上生物素结合。再进样 150μL 浓度为 1μmol/L 生物素标记的 apt2-OT 与 SA 结合，将其固定在芯片上。分别进样 150μL 的 OTA（赭曲霉毒素 A）纳米抗体或 GST 标签蛋白（0.17μmol/L、0.5μmol/L、1.5μmol/L、4.5μmol/L、13.5μmol/L），采集信号并导出数据。采用 TraceDrawer 软件（Ridgeview instruments ab，Sweden）的 One To One 分析模型进行数据分析。

（4）数据分析

（5）OpenSPR 分析结果

LSPR 在鉴定核酸适配体和蛋白质之间的亲和力方面显示出良好的性能。为了确证

apt2-OT 和 OTA 纳米抗体之间的亲和力，进一步使用 LSPR 进行测定。结果如图 2-31（a）所示，随着 OTA 纳米抗体浓度的增加，该通道的响应信号增强；而图 2-31（b）表明，当 GST 标签蛋白（无 OTA 纳米抗体的阴性对照）通过通道时，响应信号均在本底水平。这表明 apt2-OT 有高特异性。Apt2-OT 和 OTA 纳米抗体之间的 Kd 值拟合为 2.86μmol/L（图 2-32）。该亲和力常数与 icELISA 法（约 5μmol/L）基本一致。

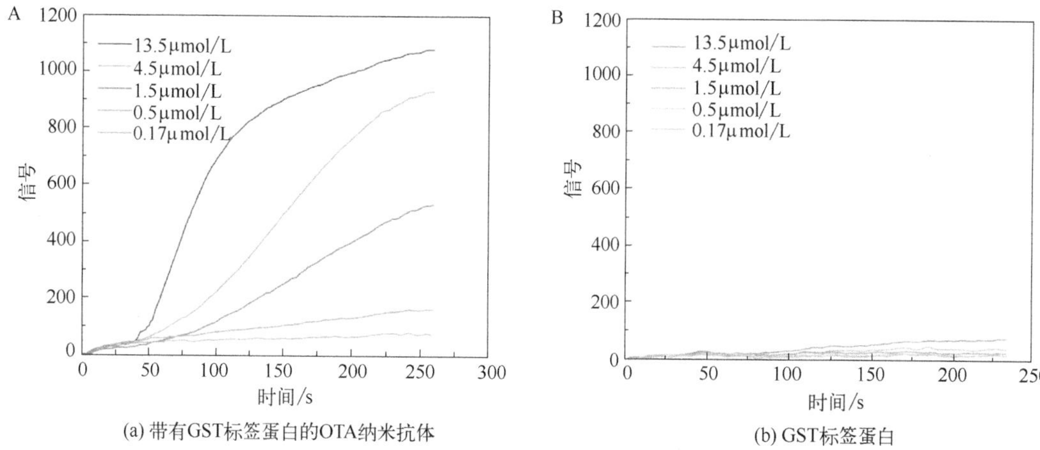

图 2-31　浓度梯度 OTA 纳米抗体和 GST 标签蛋白的 LSPR 信号图

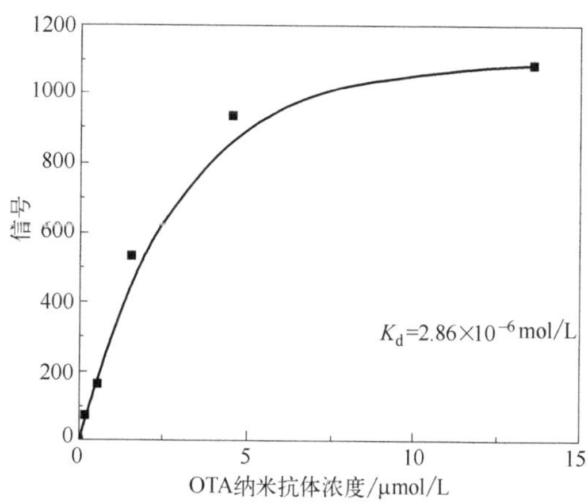

图 2-32　不同浓度 OTA 纳米抗体的最大信号 LSPR 值

2.7.6　练习题

（1）选择题

① 表面等离子体共振（SPR）主要用于检测（　　）。

A. 溶液的 pH　　B. 分子间的相互作用（如蛋白质-配体结合）

C. 样品的电导率　　D. 样品的温度变化

② 在 SPR 实验中，通常需要固定在传感器芯片上的是（　　）。

A. 待测样品的缓冲液　　B. 其中一种相互作用分子（如抗体或受体）

C. 荧光标记物　　D. 金属纳米颗粒

③ SPR 实验通常使用的金属膜材料是（　　）。

A. 铜（Cu）　　B. 铝（Al）

C. 金（Au）或银（Ag）　　D. 铁（Fe）

④ 在 SPR 结合实验中，如果结合曲线显示快速结合和快速解离，说明（　　）。

A. 分子间亲和力高（强结合）　　B. 分子间亲和力低（弱结合）

C. 实验失败，数据无效　　D. 金属膜未正确固定配体

⑤ SPR 技术通常用于研究（　　）类型的分子相互作用。

A. 核酸与蛋白质结合　　B. 蛋白质-小分子（配体）相互作用

C. 脂质与多糖结合　　D. 以上全部

（2）判断题

① SPR 实验无须控制缓冲液流速，因为流速不影响分子结合过程。（　　）

② SPR 技术相比 ELISA 的优势在于必须使用荧光标记分子。（　　）

③ SPR 芯片使用后不可再生，必须丢弃。（　　）

（3）讨论题

如何利用 SPR 技术筛选小分子抑制剂并评估其结合特性（如亲和力、选择性）?

2.8 实验 8：实时荧光定量 PCR 实验

实时荧光定量 PCR（quantitative real-time PCR，qPCR）是一种通过实时监测荧光信号来定量检测 DNA 或 RNA 的技术，广泛应用于基因表达分析、病原体检测和转基因定量等领域。实时荧光定量 PCR 主要由热循环系统（精确控制温度变化）、光学检测系统（激发光源、荧光信号接收器和滤光片，用于实时监测荧光信号）、反应模块（放置 PCR 管的孔位）、计算机与数据分析软件（采集数据、计算 Ct 值并定量分析）以及用户界面（设置程序和监控实验）组成，通过各部分的协同作用，实现核酸的高灵敏度扩增与实时定量检测。

2.8.1 仪器工作原理

实时荧光定量 PCR 基本原理：在 PCR 反应体系中加入荧光标记物（如 SYBR Green 染料或荧光探针），随着目标 DNA 的指数级扩增，荧光信号强度同步增强。循环阈值（Ct 值，即荧光达到设定阈值时的循环次数）与起始模板量的对数成反比关系，结合标准曲线，即可精确计算出初始 DNA 模板的浓度。该技术兼具高灵敏度和特异性，广泛应用于基因表达分析、病原体检测等领域。

2.8.2 仪器操作过程

本教材以 Applied Biosystems StepOnePlus Real-Time 为例，介绍实时荧光定量 PCR 检测操作步骤。

① 检查仪器电源、电脑连接及软件（StepOne™ software）运行状态（图 2-33）。

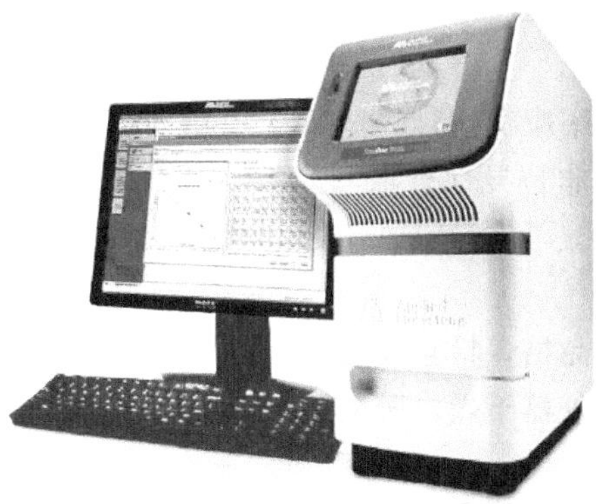

图 2-33　Applied Biosystems StepOnePlus Real-Time 仪器

② 准备反应体系（含模板 DNA、引物、探针/荧光染料、Master Mix 等），分装至 0.1mL 或 0.2mL 光学反应管/板中。

③ 打开 StepOnePlus™ 主机及软件，选择“New Experiment”。

④ 设定反应程序：预变性（95℃，10min）、扩增循环（95℃变性 15s→60℃退火/延伸 1min，共 40 循环）及熔解曲线分析。

⑤ 将反应管/板放入仪器样品槽，确保位置与软件中孔位编号一致。

⑥ 密封反应板（使用光学盖膜或压盖），启动运行程序。

⑦ 软件实时显示扩增曲线和荧光信号，运行结束后自动生成 Ct 值。

⑧ 通过标准曲线（已知浓度的标准品绘制）计算待测样本的初始模板量。

⑨ 检测结束后取出反应板，清洁样品槽，关闭仪器电源及软件。

2.8.3 仪器使用注意事项

（1）防污染措施

分区操作：严格区分试剂配制区、样本处理区和扩增及产物分析区，避免交叉污染。

耗材要求：使用无核酸酶（RNase/DNase-free）枪头、反应管/板，必要时用紫外灯照射工作台。

阴性对照：每批次实验需设置无模板对照（NTC）以监测污染。

（2）反应体系与耗材

体系兼容性：确认所用 Master Mix、荧光染料、探针与仪器检测通道匹配（如 FAM、SYBR Green）。

反应管/板密封：确保光学盖膜或管盖完全密封，避免蒸发导致浓度偏差。

加样精度：使用校准后的移液器，避免气泡或液体挂壁影响荧光信号。

（3）仪器操作

温度校准：定期验证热循环模块温度准确性（可使用外部温度探头）。

光路维护：避免灰尘污染光学系统，定期用软布清洁样品槽；若荧光信号异常，需执行光学校准。校准和维修工作通常需要专业工程师进行。

孔位一致性：反应管/板放置方向须与软件设定孔位完全对应，防止数据错位。

（4）数据分析与验证

扩增效率：标准曲线斜率应在−3.6～−3.1之间（效率90%～110%），R^2 值>0.98。

异常结果排查：若出现非特异性扩增（如SYBR Green熔解曲线多峰）或Ct值漂移，需优化引物或重新提取模板。

（5）仪器维护

定期保养：每月清洁样品槽，检查散热风扇是否正常。

长期停用：断电前确保仪器干燥，避免潮湿环境。

2.8.4 实时荧光定量PCR仪的应用案例——斑马鱼胚胎 *gapdh* 和 *gap 43* 基因表达水平检测

2.8.4.1 实验目的

掌握斑马鱼胚胎RNA转录方法；掌握斑马鱼胚胎基因表达水平检测方法；掌握实时荧光定量PCR仪（Applied Biosystems StepOnePlus Real-Time）的使用方法。

2.8.4.2 实验原理

本实验采用SYBR Green Ⅰ实时荧光定量PCR（qPCR）方法检测斑马鱼胚胎中 *gapdh*（内参基因）和 *gap43*（目标基因）的表达水平。RNA逆转录（cDNA合成）使用TAKARA RR037A（PrimeScript™ RT reagent Kit）将提取的斑马鱼胚胎总RNA逆转录成cDNA。qPCR扩增与检测使用TAKARA RR820A（TB Green® Premix Ex Taq™ Ⅱ）进行实时荧光定量PCR，SYBR Green I染料与双链DNA结合后发出荧光，荧光信号强度与PCR产物量成正比，通过Ct值（阈值循环数）计算基因表达差异。

2.8.4.3 实验步骤

（1）逆转录反应

使用Takara公司的逆转录试剂盒进行逆转录反应。具体方法如下：

① 取RNA 5.00μL至200μL的RNase-free EP管中，用DEPC水将其稀释至100ng/μL。稀释所需DEPC水的体积=[5.00μL×RNA浓度/100(ng/μL)]−5.00μL。

② 在逆转录前，计算好反应体系所需试剂总量，并配制反应混合液，加入200μLPCR管中并混匀（表2-2）。

③ 混匀之后，将其加入PCR管中，5μL/孔。

④ 然后再向PCR管中分别加入5μL total RNA，用枪头轻轻混匀。

⑤ 将混匀后的反应体系置于PCR仪中，设置反应条件，37℃下反应15min，然后85℃反应5s，反应完成后得cDNA。

表 2-2 逆转录试剂配比

试剂	体积/μL
5×prime Script Buffer(for Real Time)	2.0
prime Script RTEnzyme Mix Ⅰ	0.5
Oligo dT primer(50μmol/L)	0.5
Random 6 mers(100μmol/L)	0.5
RNase Free dH_2O	1.5

⑥ 将反应得到的 cDNA 稀释 10 倍，即加入 90μL 超纯水，并用枪头混匀，混匀后的 cDNA 可以放在−20℃中保存，以供后续实验使用。

(2) 引物设计

在 Primer Premier 5.0 软件上设计特异引物（表 2-3）。

注意：引物是用超纯水进行稀释的。

引物设计标准：

① PCR 扩增子长度：50～180bp。

② 引物长度 17～25bp。

③ GC 含量：45%～55%。

④ T_m：58～68℃，引物对间差异不大于 2℃。

⑤ 碱基要随机分布，尽量均匀。3′端要避开 AT，GC 富集的区域避开 T/C 或 A/G 连续结构（2～3 个）。引物自身和引物间不能存在互补，引物 3′末端为 G 或 C。

⑥ 避免 DNA 污染，引物要跨外显子接头区。

⑦ 至少设计 2～3 对引物，预实验筛选出最佳引物。

⑧ 将所有设计的引物在 NCBI 数据库中比对，以确定其对靶基因的特异性。

表 2-3 引物序列

基因名称	引物序列(5′—3′)	登录号
gapdh	Forward：ctggtgacccgtgctgctt Reverse：tttgccgccttctgcctta	NM_001115114
gap43	Forward：tgctgcatcagaagaactaa Reverse：cctccggtttgattccatc	NM_131341

(3) qPCR 反应

① 使用 1.5mL EP 管配制 PCR 反应混合液。混合试剂的配比如表 2-4 所示。

表 2-4 实时荧光定量 PCR 试剂配比

试剂	体积/μL
TB Green Premix Ex Taq Ⅱ(Tli RNaseH Plus)(2×)	10.0
PCR Forward Primer(10μmol/L)	0.4
PCR Reverse Primer(10μmol/L)	0.4
ROX Reference Dye	0.4
dH_2O(sterilized distilled water)	6.8
cDNA	2
Total	20.0

② 在 EP 管中加入除 cDNA 外所有试剂后用振荡器混匀，混合好后用离心机加以离心，离心的目的是防止混合液粘在管壁，影响反应体系的反应。

③ 离心后，用 20μL 的移液枪向 96 孔板中对应孔位加入混合液，每孔 18μL。

④ 加完混合液后向对应孔加入对应稀释浓度的 cDNA 2.0μL。每个 cDNA 样品设置 3 个平行，每个样品 2 个技术重复。

⑤ 将加好样品的 96 孔板置于孔板离心机上离心 90s，使 cDNA 与混合反应液混合均匀。

⑥ 然后将加好样品的 96 孔板置于 Applied Biosystems StepOnePlus Real-Time 进行 PCR 反应。

⑦ 点开桌面 StepOnePlus 图标，进入 Log in 界面（图 2-34）。

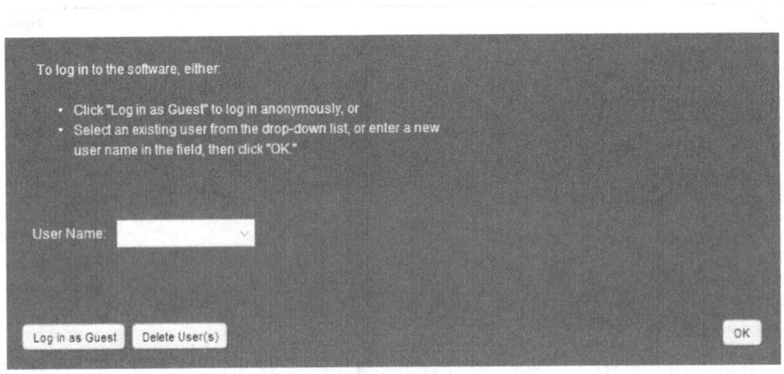

图 2-34　登录页面

⑧ 进入 set up 界面后，设定实验名称，确认仪器型号 StepOnePlus^{TM} instrument（96 hours），在实验类型中，选择“Quantitation”（图 2-35 和图 2-36）。

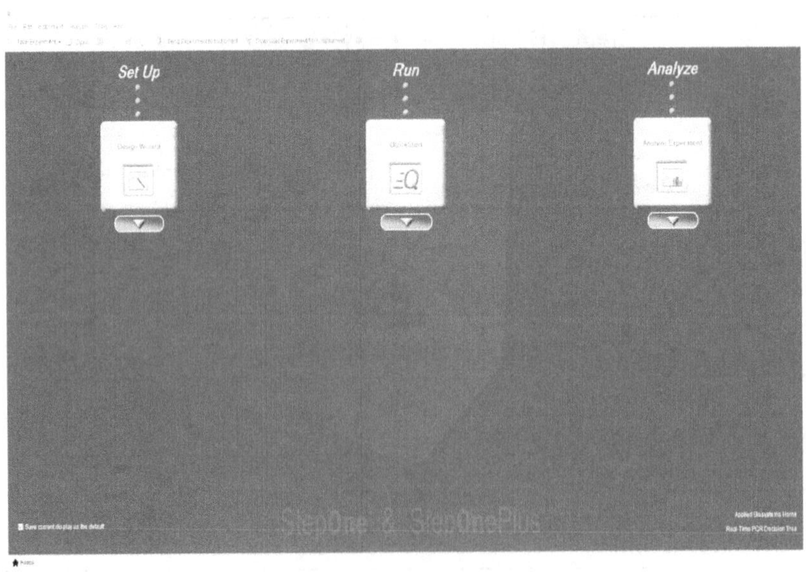

图 2-35　设置页面

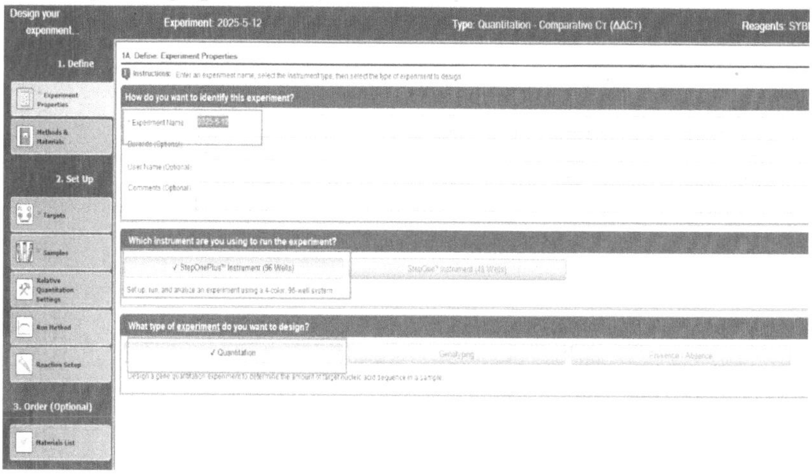

图 2-36　实验命名和具体程序设置

⑨ 设置 Methods & Materials，选择试剂种类为 SYBR® Green Reagents，确认运行模式为 Standard（~2 hours to complete a run），模板选择 cDNA（complementary DNA），点击 next（图 2-37）。

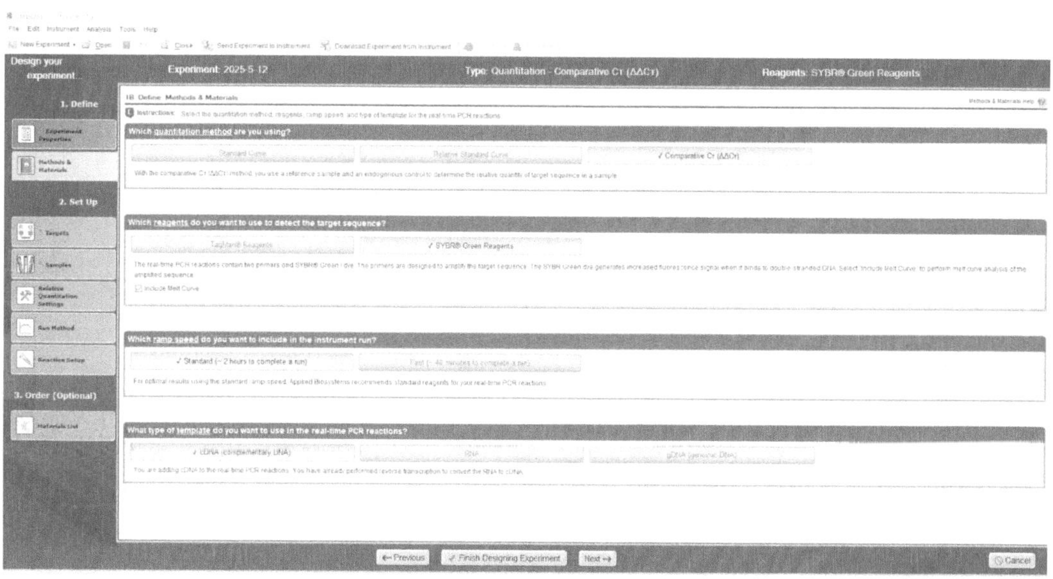

图 2-37　参数设置

⑩ 进行基因（Targets）和样本（Samples）设置，并进行样品板排布（图 2-38 和图 2-39）。

⑪ 在 Setup 下的 Run Method 界面，设定 PCR 扩增反应条件为：95℃，30s；95℃，5s，40 个循环；60℃，30s；95℃，15s；60℃，1min，95℃，15s（图 2-40）。

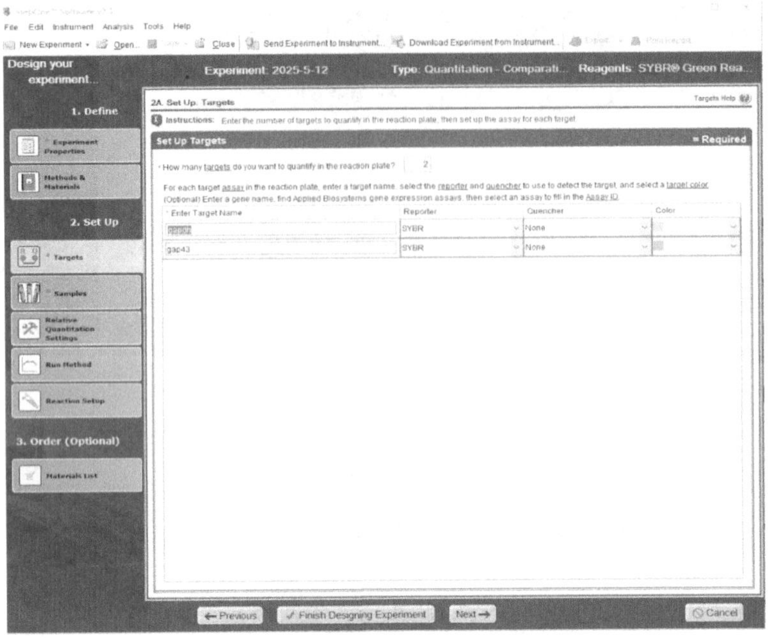

图 2-38 基因名标注

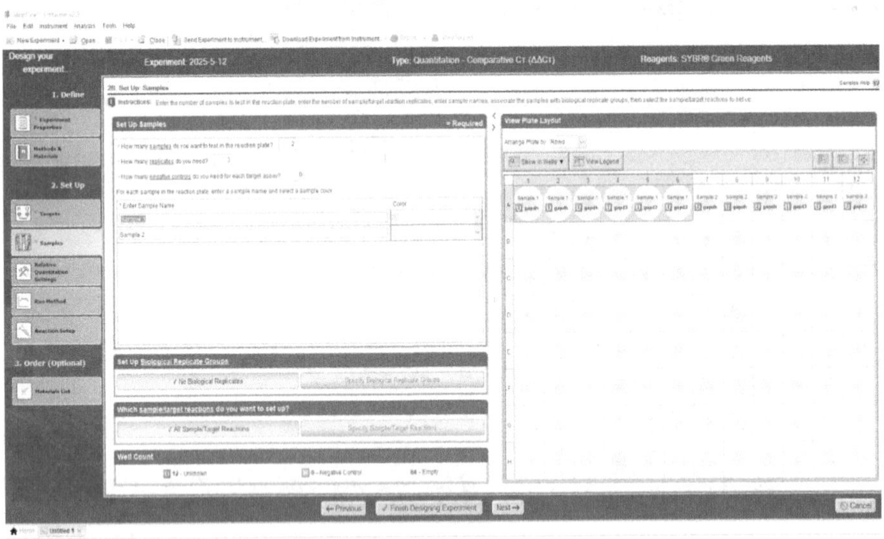

图 2-39 样本标记

⑫ 设置反应总体积为 20μL，Reaction Mix Calculations 为 2.0×，Sample Dilution Calculation 设置为 10ng/μL，保存实验设置并开始实验。对于 SYBR Green 法实验，可以在 Melt Curve 界面中查看熔解曲线。

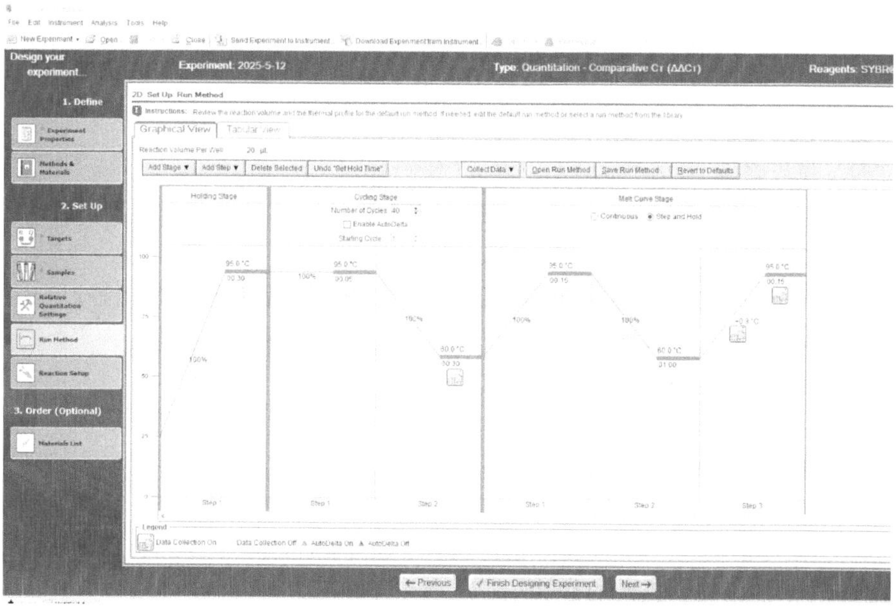

图 2-40　程序设置

⑬ 检查 QC Summary 结果，可以快速查看实验中是否有反应孔存在异常情况。黄色三角中的数字 1 代表有一种异常情况，2 代表有两种异常情况，以此类推。详细信息及解决方案可以在 Flag Details 中看到。

⑭ 分析之后的结果，可以利用菜单中的 File>Export 功能，导出 Excel 格式的结果。若想储存图片，可直接在图片上单击鼠标右键，选择 Save as，存成 JPEG 格式的图片。

2.8.4.4　结果分析

相对定量不像绝对定量那样严格，应用于大多数基因表达水平研究。相对定量关注的并非某个基因的绝对表达量，而是同一基因在样本间的表达差异（如实验组和对照组），结果以处理组相对于未处理组的表达差异倍数表示。这种分析方法不需要测定精确的拷贝数，重点是在观察与未处理样品组相比的表达变化上。

Ct 是指荧光信号超过阈值时对应的循环数。Ct 值与目的基因的起始量成反比，可用于计算 DNA 初始拷贝数。随着模板量减少，检测到显著扩增时的循环数会增加。相对定量算法 $2^{-\Delta\Delta Ct}$ 方法是比较组别间同一基因表达差异的常用方法。通过将目的基因 Ct（$Ct_{目的}$）与自身内参 Ct 值（$Ct_{内参}$）进行比较，可得到每一组的 ΔCt，计算对照组 ΔCt 平均值，再将所有组 ΔCt 与对照组 ΔCt 平均值进行计算得到 ΔΔCt。ΔΔCt 的大小关联目的基因表达水平的倍数差异大小。

$$Ct_{目的} - Ct_{内参} = \Delta Ct$$

$$\Delta Ct_{实验组} - \Delta Ct_{对照组} = \Delta\Delta Ct$$

$$基因表达水平 = 2^{-\Delta\Delta Ct}$$

本实验中目的基因为 *gap43*，内参基因为 *gapdh*。将 Ct 值代入计算即可。

可能出现的问题及原因：

① 溶解曲线有杂峰

a. 引物二聚体的形成。可以通过提高退火温度、降低引物浓度或者调整引物比例、控制镁离子浓度在 3mmol/L、重新设计引物来减少二聚体的形成。

b. 非特异性扩增。

c. cDNA 模板降解。

② Ct 值过大，可能由于 RNA 提取过程中有乙醇或盐类物质残留、扩增效率差、目的基因低表达等影响。

③ 无扩增信号，可能是因为目的基因低表达、反转录或者仪器出问题等。

2.8.5 练习题

（1）选择题

① 在 SYBR Green qPCR 实验中，熔解曲线出现多峰可能的原因是（　　）。

A. 引物二聚体形成　　B. 非特异性扩增　　C. 模板降解　　D. 以上均可能

② 关于 Ct 值的描述，正确的是（　　）。

A. Ct 值越小，起始模板量越低

B. Ct 值与初始模板量的对数成反比

C. 标准曲线的斜率应在－2.5～－2.0 之间

D. 内参基因的 Ct 值应始终小于目的基因

③ 使用 TAKARA RR820A 进行 cDNA 合成时，以下操作错误的是（　　）。

A. 加入 Oligo dT 和 Random 6 mers 提高逆转录效率

B. 反应程序设置为 37℃ 15min→85℃ 5s

C. 直接使用未稀释的 cDNA 进行 qPCR 以减少误差

D. 设置无逆转录对照（-RT），排除基因组 DNA 污染

（2）判断题

① qPCR 实验中，标准曲线的 R^2 值需＞0.98，扩增效率应保持在 70%～130%之间。（　　）

② 斑马鱼 *gapdh* 和 *gap43* 引物设计时，需跨外显子-内含子接头以避免基因组 DNA 干扰。（　　）

③ Applied Biosystems StepOnePlus 系统运行时，反应板密封不严会导致荧光信号增强。（　　）

（3）讨论题

某学生在斑马鱼 qPCR 实验中发现 *gap43* 的 Ct 值比 *gapdh* 高 10 个循环，但熔解曲线显示单峰。请分析可能的原因及验证方法。

2.9 实验 9：傅里叶近红外光谱仪实验

傅里叶近红外光谱仪（FT-NIR）是一种基于干涉仪和傅里叶变换算法的高效分析仪器，广泛应用于食品、医药、化工及环境监测等领域。该仪器通过检测样品对近红外光

（780～2526nm）的干涉信号，可对固态、液态及气态样品进行非破坏性定性与定量分析，支持透射、反射等多种检测模式，并借助化学计量学模型实现水分、蛋白质、脂肪等多成分同步测定，在制药过程监控、食品品质快速检测（如谷物水分、乳品脂肪）及工业废气成分分析等场景中发挥重要作用，凭借快速、无损、操作便捷的特点，已成为现代实验室科研与教学的关键工具。

2.9.1 仪器工作原理

傅里叶变换红外光谱仪（Fourier transform infrared spectrometer，FTIR）简称傅里叶红外光谱仪，主要组成部分有红外光源、分束器、干涉仪、样品池、探测器、计算机系统和记录系统。主要原理：红外光源发出的宽带红外光经过分束器分为两束光，一束经过样品后与另一束光产生干涉。干涉光通过样品后，被探测器检测并转换为电信号。计算机对干涉图进行傅里叶变换，得到样品的红外光谱图。傅里叶近红外光谱技术基于光与物质的相互作用原理，近红外光的波长范围为 780～2526nm，当近红外光照射到样品时，分子中的化学键（如 C-H、N-H、O-H 等）会吸收特定频率的光能量，引发分子振动能级的跃迁。不同的化学键具有独特的振动频率，对应不同的吸收峰。傅里叶变换则是将时域的干涉图转换为频域的光谱图，极大提高了光谱分辨率和测量速度，能更精准地呈现出样品的吸收特征。

2.9.2 仪器操作过程

本教材以港东科技 FTIR-650R 傅里叶近红外光谱仪（FT-NIR）为例，介绍傅里叶近红外光谱仪的上机操作步骤。FT-NIR 的操作过程需要遵循严格的标准化流程以确保数据准确性，以下是详细操作步骤及关键要点。

（1）操作前准备

① 环境检查　确认实验室温度控制在 15～30℃（推荐 20～25℃），湿度≤60%（FTIR-650R 干燥箱标注湿度≤45%）。须检查电源电压稳定性（198～242V）并确保仪器避震台稳固。若仪器配备湿度指示灯，需确认干燥剂有效。

② 仪器状态确认　检查干涉仪、检测器及附件（如 ATR 晶体、压片模具）是否清洁无污染，金刚石或锗晶体表面需用无水乙醇擦拭。若使用透射法，需确认 KBr 压片模具已干燥（105℃烘 2h）。

（2）开机与初始化

① 启动仪器　依次开启稳压电源、主机电源及计算机，预热 15～30min（FTIR-650R 需 15min）。

② 软件连接　打开配套软件（MILAS），执行初始化操作。若初始化失败或软件自动闪退，需先关闭 FT-NIR 电源，退出 MILAS 程序。

（3）样品制备

固体样品压片法处理：按 1∶（50～200）比例混合样品与 KBr 粉末，在玛瑙研钵中单向研磨至粒径≤2μm，红外灯下防潮。将混合物倒入模具，用油压机加压至 6～8t/cm^2 保持 1～2min，获得透明压片。

ATR 法：直接将粉末或薄膜覆盖金刚石/锗晶体，旋紧压头至样品与晶体紧密接触（听到“咔嚓”声即停）；液体滴加至 ATR 晶体或专用液体池盐片（NaCl/KBr）。

(4) 数据采集

① 背景扫描　空光路或纯 KBr 压片状态下执行背景采集，消除环境干扰。ATR 法需在每次更换样品前重新采集背景。

② 样品扫描　将压片装入样品架，设置扫描范围（通常 $4000 \sim 400cm^{-1}$）、分辨率（$4cm^{-1}$）、扫描次数（32～45 次）。

(5) 数据处理与分析

数据预处理是确保光谱数据质量的核心步骤，主要包括以下操作。

① 基线校正　消除因仪器漂移、环境光干扰或样品背景导致的基线偏移。常见的基线校正方法包括直线法、多项式拟合法（如三次多项式）以及软件自动校正（如 MILAS 和 OMNIC 程序）。例如，MILAS 软件中可通过选择基线点或使用自动算法完成校正，结合手动调整以提高准确性。

② 噪声滤波　通过数字滤波（如中值滤波、高斯滤波）或多次扫描平均（通常 32～64 次扫描）降低随机噪声，提升信噪比。

③ 平滑处理　采用 PeakFit 程序 Savitzky-Golay 算法或移动平均法减少高频噪声，同时避免峰形失真。

④ 归一化　对吸光度或透射率进行标准化处理，消除因样品浓度或厚度差异导致的强度偏差，便于不同样本间的比较。

⑤ 谱图解析　使用软件标峰功能（MILAS、Peak Table 或 MILAS）识别特征峰，关键特征峰包括：官能团区（$1300 \sim 4000cm^{-1}$），如 O—H（$3300 \sim 3500cm^{-1}$）、C＝O（$1650 \sim 1900cm^{-1}$）、C—H（$2800 \sim 3000cm^{-1}$）等，利用标准数据库（如 NIST、HRAM、Sadtler）进行光谱比对。例如，Thermo OMNIC 谱库支持自定义谱图扩展，匹配相似度阈值通常设为＞85%。定量分析需建立 PLS 或 PCA 模型，通过交叉验证优化参数。

⑥ 数据导出　保存原始数据（SPA 或 OPUS 格式），导出 CSV/TXT 文件供 Origin 等软件作图。

(6) 关机与维护

① 关闭流程　依次退出软件、关闭主机电源及计算机，记录使用时间与样品信息。长期停用需保持每周开机 2 次以除湿。

② 日常维护　更换干燥剂（5A 分子筛 150℃再生 24h），定期执行 Instrument Check 验证信噪比。

③ 清洁附件　压片模具用酒精擦拭，ATR 晶体避免硬物刮擦。

④ 仪器保养维护注意事项见表 2-5。

表 2-5　仪器保养维护注意事项

项目	频率	操作内容
干燥剂更换	每月/湿度指示变色	更换并记录湿度状态
光学元件清洁	每次使用后	吹扫＋溶剂擦拭
系统校准	每月	标准样品验证波数精度
电源稳定性检查	每季度	测试稳压器输出

2.9.3　傅里叶近红外光谱仪的应用案例——酪蛋白二级结构的分析

(1) 实验目的

本实验旨在运用傅里叶近红外光谱技术，探究酪蛋白的二级结构组成及变化规律。

通过精确分析酪蛋白的二级结构，深入理解其分子构象与理化性质、功能特性之间的内在联系，为酪蛋白在食品加工、生物医药等领域的合理应用和改性研究提供重要的结构数据支撑。

（2）实验原理

傅里叶近红外光谱技术基于分子振动的倍频与合频吸收原理。酪蛋白分子中不同二级结构（如α螺旋、β折叠、β转角和无规卷曲）的化学键振动模式各异，在近红外光谱区域［酰胺Ⅰ带（1600～1700cm^{-1}）］产生特征吸收峰。当近红外光照射酪蛋白样品时，特定结构的化学键吸收对应频率的光子，引发能级跃迁，形成独特的光谱指纹。通过傅里叶变换将干涉图转换为光谱图，结合二阶导数谱（分离重叠峰）和去卷积算法（如 Savitzky-Golay 平滑）精确定位子峰，定量计算各二级结构占比，从而实现对酪蛋白二级结构的定性识别与定量分析。

（3）实验步骤

① 样品处理方法　分为溴化钾压片法和 ATR 法。

a. 溴化钾压片法　使用精度为 0.0001g 的电子天平准确称取一定质量（如 5～10mg）的酪蛋白冷冻干燥粉末，置于研钵中。

溴化钾准备：取光谱纯溴化钾（KBr）粉末，在 105℃烘箱中干燥 4～6h，去除水分，以保证压片质量。冷却后，称取 200～300mg 溴化钾粉末，放入上述盛有酪蛋白样品的研钵中。

研磨与压片：在玛瑙研钵中，将酪蛋白与溴化钾充分研磨混合。研磨过程需持续 5～10min，其间要保证研磨力度均匀，使酪蛋白与溴化钾颗粒尽可能细小且混合均匀，防止出现团聚现象，确保样品在后续压片和光谱测试中的一致性。将研磨好的混合粉末转移至压片机的模具中，使用压片机在 10～15MPa 压力下保持 2～3min，压制成透明且均匀的薄片。压制好的薄片应无明显裂痕、气泡，且表面平整光滑，以保证近红外光能够顺利透过，进行光谱采集。

b. ATR 法　根据所需配制溶液的浓度和体积计算酪蛋白的用量，酪蛋白浓度为 5～10mg/mL；将烧杯置于磁力搅拌器上，放入搅拌子，开启搅拌器，设置适当的转速（如 300～500r/min），使酪蛋白充分溶解。若酪蛋白溶解困难，可适当加热烧杯（使用水浴加热，温度不超过 37℃），但需注意避免酪蛋白变性。

② 仪器组装　拆除仪器空腔卡座，卡座为固定装置，实验之前进行拆除；安装光学组件，按照图中红色标注紧固基座螺丝进行固定（图 2-41）。

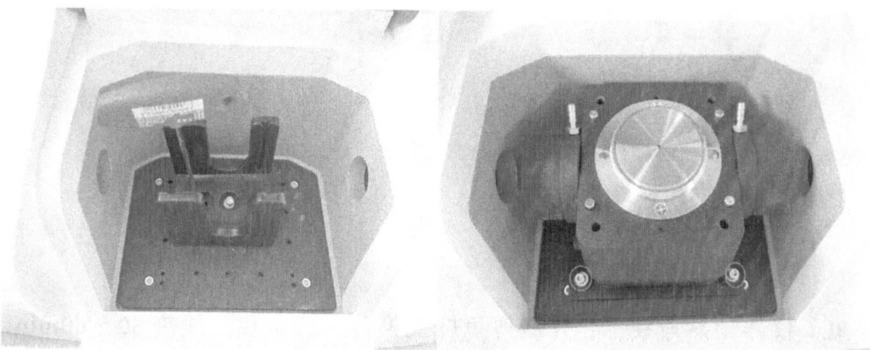

图 2-41　空腔卡座

按照压缩模块，选择适当的压缩头进行安装，如图 2-42 所示。

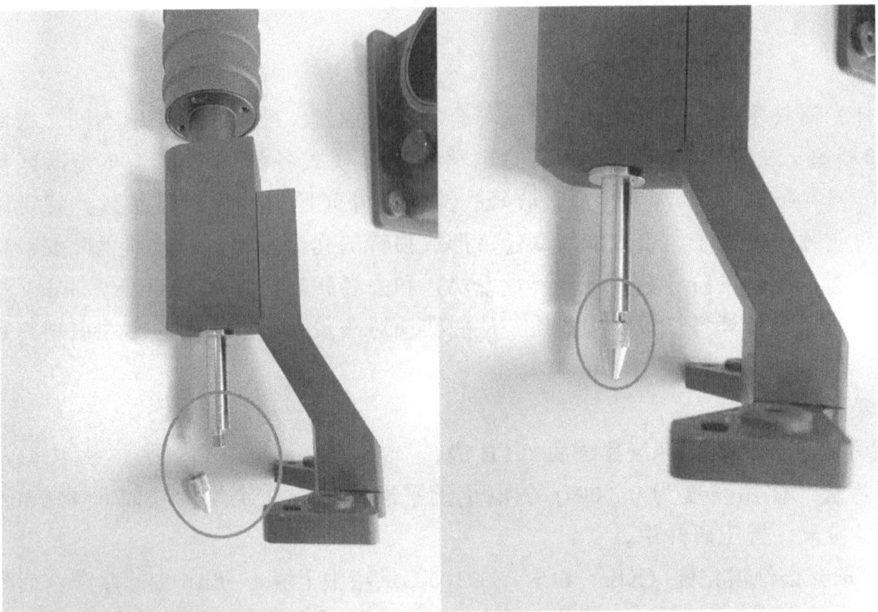

图 2-42　压缩头

压缩模块安装至光学组件，按照图中红色标注紧固基座螺丝进行固定；同时将样品池安装在光学组件上，即完成总体安装（图 2-43）。

图 2-43　光学组件

③ 进行数据采集　仪器预热与校准：开启傅里叶变换红外光谱仪，预热 30～60min，使仪器达到稳定工作状态。开机按钮为图中绿色开关，开启状态为绿色，关机状态为无色（图 2-44）。

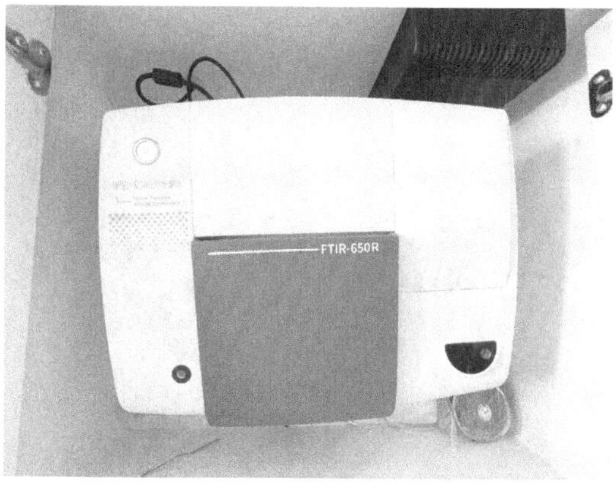

图 2-44　傅里叶变换红外光谱仪

将配制好的 10mg/mL 酪蛋白溶液放入光谱仪的样品池中，选择合适的测量模式（如透射模式)，设置光谱范围为 4000～400cm^{-1}，分辨率优于 4cm^{-1}，扫描次数为 16～32 次，进行光谱采集。每个样品需重复测量 8～10 次，取平均值以减小测量误差，详细操作过程如下。

首先，打开电脑（一体式电脑的开机键在电脑主机上)；再双击桌面 MILAS 快捷图标，直接（无密码）进入软件，观察右上角光学台状态是否正常（图 2-45)。

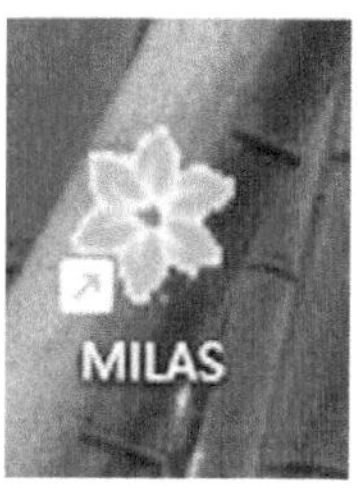

软件图标

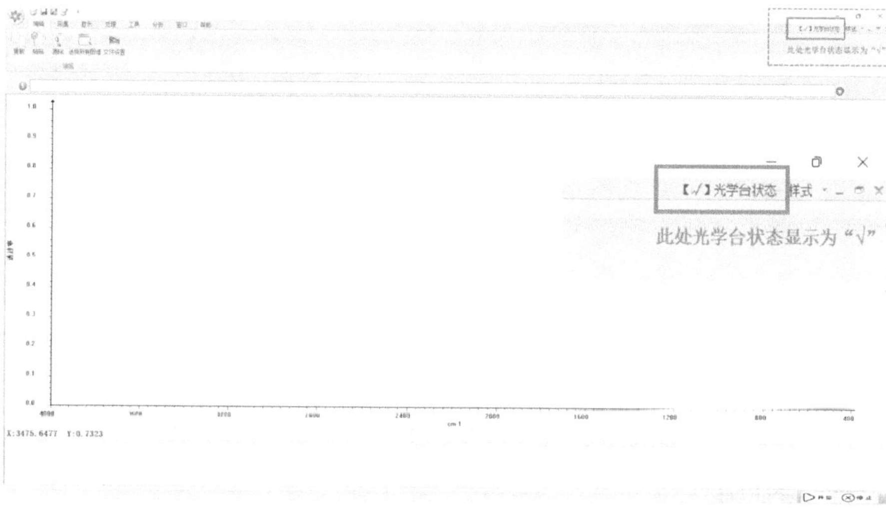

图 2-45　傅里叶变换红外光谱仪界面

将 ATR 压缩头旋转往下，压缩头刚好接触到样品池（不能太用力压，稍微有阻力时停止，也要保证没有光透出)，然后点击背景扫描（图 2-46)。选择光谱扫描进入测试软件。点击采集，选择采集背景，点击“确认”；背景采集期间，请勿操作任何仪器和软件程序，保持静置状态，采集界面出现 10/10，弹窗出现“请进行样品采集”即完成背景扫描，此时不要点击弹窗“确认”(图 2-47)。

图 2-46 衰减全反射（ATR）压缩头

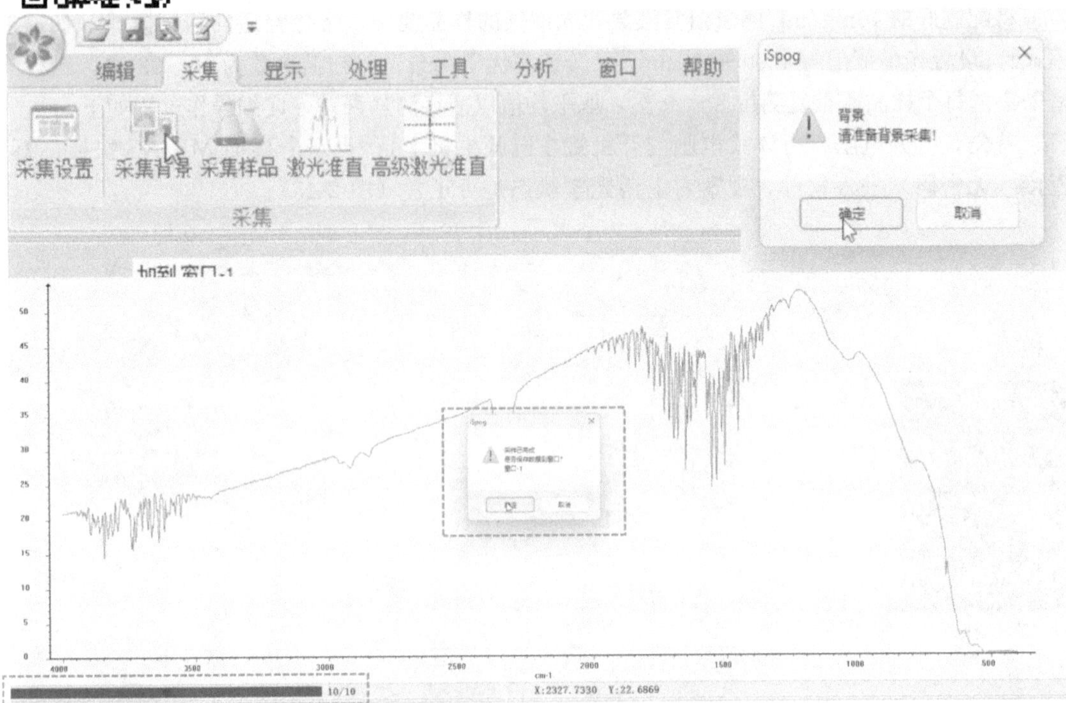

图 2-47 背景采集界面

样品扫描前，液体样品使用无水乙醇将探头、样品池、光学组件平台擦拭干净；使用移液枪吸取 150μL 酪蛋白溶液转移至样品池，将 ATR 探头旋转往下，探头刚好接触到样品池（不能太用力压，稍微有阻力停止，也要保证没有光透出），然后点击弹窗“确认”。采集期间请勿操作任何仪器和软件程序，保持静置状态，采集界面出现 10/10，弹窗出现“输入采样标题”可进行修改，点击确认；再次出现弹窗“采样已完成”，即完成样品采集工作（图 2-48）。

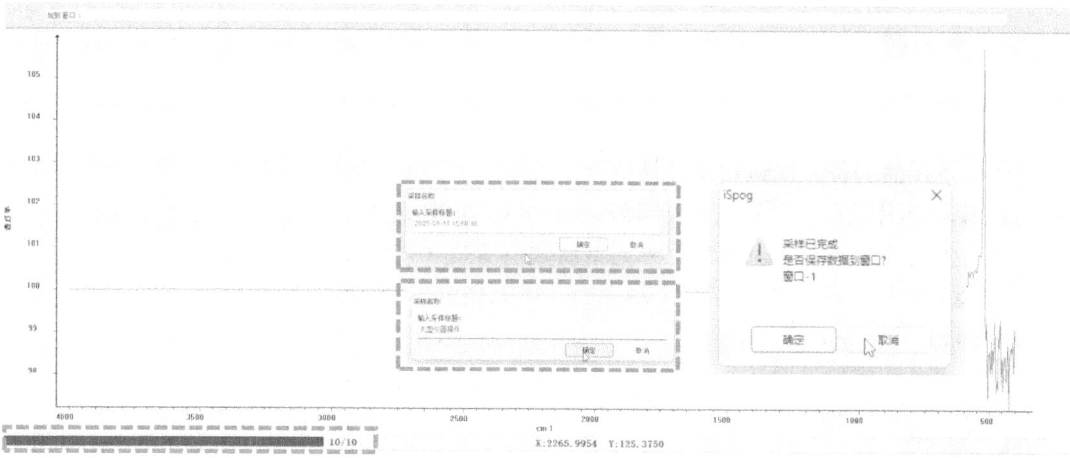

图 2-48 样品采集界面

采集完成以后，可通过“处理”和“工具”程序对采集的数据进行处理；测试后点击“另存为”保存原始数据，文件名可自行更改，保存为 CSV 格式（图 2-49）。

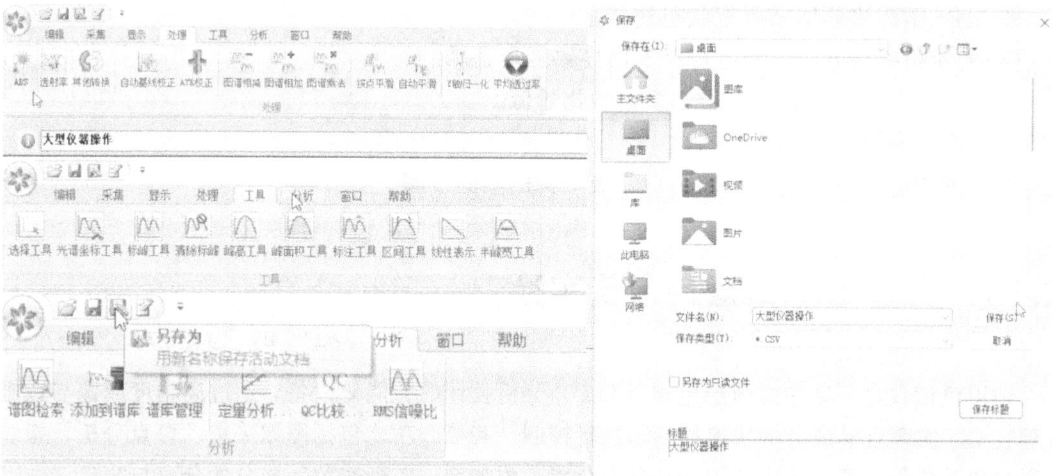

图 2-49 采集数据导出

（4）数据处理与分析

数据采集与导入：使用与光谱仪配套的数据采集软件（如 OMNIC、TQ Analyst 等），将采集到的光谱数据保存，并导入数据分析软件中。

光谱预处理：对原始光谱数据进行基线校正，去除由于仪器噪声、样品池等因素引起的基线漂移；采用平滑处理算法（如 Savitzky-Golay 滤波），减少光谱中的高频噪声，提高光谱质量。

峰位归属：根据文献确定特征峰位（α 螺旋：1650～1658cm^{-1}；β 折叠：1615～1640cm^{-1} 和 1680～1700cm^{-1}；无规卷曲：1640～1650cm^{-1}）。

2.9.4 练习题

（1）选择题

① 以下样品制备方法适用于液体酪蛋白溶液的 FTIR 分析的是（　　）。

A. KBr 压片法　　B. 自然干燥法　　C. ATR 透射法　　D. 冷冻干燥法

② 酪蛋白的酰胺Ⅰ带对应的红外光谱波数范围是（　　）。

A. 1200～1300cm^{-1}　　B. 1600～1700cm^{-1}

C. 2800～3000cm^{-1}　　D. 3200～3500cm^{-1}

③ 在傅里叶红外光谱分析中，去卷积处理的主要目的是（　　）。

A. 消除水峰干扰　　B. 分离重叠峰并放大子峰信号

C. 提高扫描速度　　D. 降低仪器噪声

④ KBr 压片前需对混合粉末进行干燥的原因是（　　）。

A. 提高压片硬度　　B. 避免水分干扰光谱

C. 加快研磨速度　　D. 减少样品用量

（2）判断题

① FTIR 分析中，ATR 法可直接测量液体样品且无须扣除水峰干扰。（　　）

② KBr 压片法适用于所有状态的酪蛋白样品。（　　）

③ 去卷积处理可能因参数选择不当导致多余子峰。（　　）

④ FTIR 分析中，扫描次数越多信噪比越低。（　　）

（3）简答题

简述傅里叶红外光谱分析酪蛋白二级结构的实验步骤。

2.10 实验 10：薄层色谱仪实验

薄层色谱仪是一款专为薄层色谱（TLC）分析设计的智能化设备，通过高精度成像与数据处理技术，实现食品成分的快速检测与质量控制。其核心功能包括图像采集、斑点分析、指纹图谱构建及定量计算，特别适用于食品中色素、添加剂、农药残留等成分的分离与鉴定。

2.10.1 仪器工作原理

样品在固定相（如硅胶板）上展开后，不同组分因分配系数差异形成分离斑点。薄层色谱仪通过多波长光源（254nm、365nm 紫外光及白光）激发样品荧光或吸收特性，配合高分辨率相机（2400 万像素）捕捉图像，结合软件算法完成斑点定位、Rf 值计算及定量分析。

2.10.2 仪器操作过程

本教材以上海科哲 Good Look-1000 全自动薄层色谱成像系统为例，介绍仪器操作步骤。

连接仪器、电脑电源。

打开仪器开关，打开电脑。

将提前准备好的样品薄层板放置于仪器托盘上。

打开软件工作站，点击进入工作站。

图像系统工作站包括“数据管理”“图像拍摄”“图像预处理”“数据分析”“报表输出”“指纹图谱”六部分。

（1）图像拍摄界面

简介如图 2-50 所示。

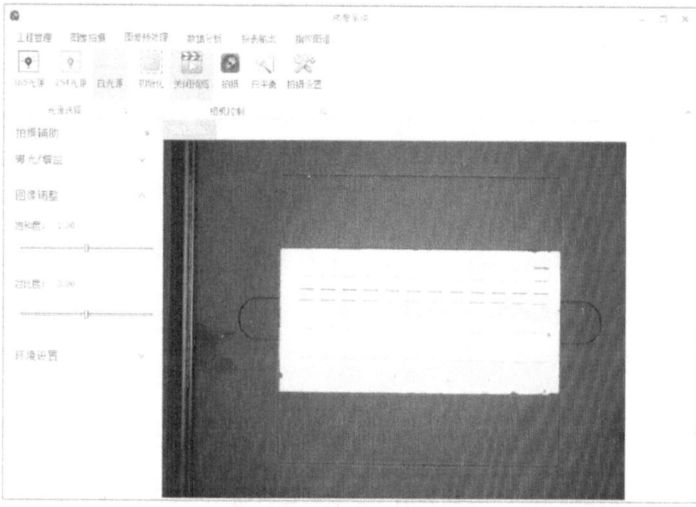

图标	功能说明
365光源	打开 365 光源将切换至荧光模式，仪器未打开或未连接将无法使用
254光源	打开 254 光源将切换至荧光模式，仪器未打开或未连接将无法使用
白光源	打开白光源将切换至正常模式，仪器未打开或未连接将无法使用
初始化	打开软件将默认初始化，若中途断开请手动初始化
开启拍摄	开启预览才能拍摄，再次单击将关闭预览，裁剪时将自动关闭
拍摄	只有在开启预览后才能进行正常的拍摄，可缓存/另存为/取消
白平衡	当照片出现颜色错误时进行白平衡的校正，一般不使用
拍摄设置	关联拍摄按钮的窗体照片的部分预处理功能

图 2-50　图像拍摄界面图标功能说明

① 拍摄　只有在开启预览后才能进行正常的拍摄。单击按钮后将弹出新的窗口进行拍摄照片的确认。默认名称为 Image+简短的时间后缀。

缓存：将照片缓存到软件中，可以在软件的预处理模块中查找到该图片。

另存为：将当前显示的图片保存到计算机中，提供 BMP、JPG 和 TIF 三种图像输出格式。

② 拍摄设置　主要关联拍摄按钮的窗体照片的部分预处理功能（图 2-51）。

另存为设置：图片在保存时，默认将当前时间写入图片中，具体写入位置以当前设置的参数作为参考。

缓存设置：用户在拍摄界面单击缓存按钮时，将按照是否勾选缓存设置中的预处理操作进行图片的初次预处理，便于后续的批处理。

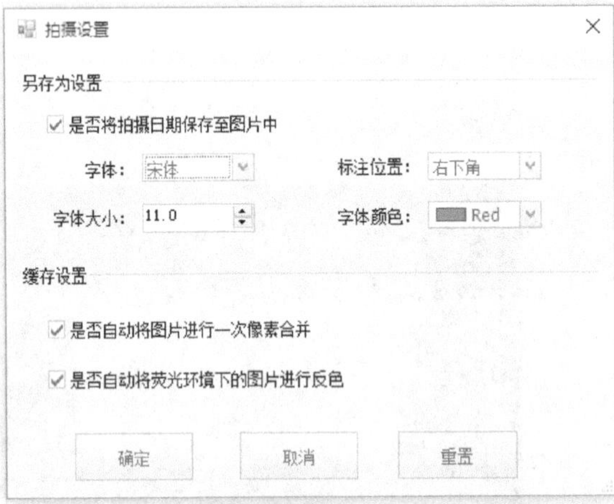

图 2-51　拍摄设置界面

③ 辅助功能　包括自动曝光、曝光时间、增益强度、饱和度、对比度的设置。

a. 自动曝光　默认“开启预览后自动曝光”已勾选。自动曝光将根据当前光照的强度进行曝光的自动调整。

注意：自动曝光检测的光照强度，对于紫外光而言，检测到的强度可能并不是用户需求的拍摄强度，此时需要用户手动调整曝光时间。

b. 曝光时间　对单幅照片进行曝光的时间。曝光时间越长，照片越亮，照片成一片刺眼的白色时，代表曝光过度，需要手动减小曝光时间。相机默认的曝光时间为 0.01～10s。

c. 增益强度　对单幅照片的增益。调整范围为 0～100%。增益强度越大，照片显示的各种颜色就越亮。

d. 饱和度　单幅照片颜色的饱和度。饱和度越大，颜色越亮丽；反之，颜色越暗淡。

e. 对比度　图像中明暗的分离度。对比度越大，图像中亮的区域越亮丽，图像中暗的区域越暗淡；反之，图像较为中和，颜色排布将集中化。

④ 环境设置　分为正常模式和荧光模式。

a. 正常模式　用于白光拍摄，开启白光源后将默认启用此模式。在其他光源下启用该模式，将导致照片的颜色发生较大的偏差。

b. 荧光模式　用于 365 和 254 光源下的拍摄，默认开启相应的光源后将启用该模式。在白光源打开时启用该模式，照片将呈现错误的颜色（泛绿）。

(2) 图像预处理界面

简介如下（图 2-52）。

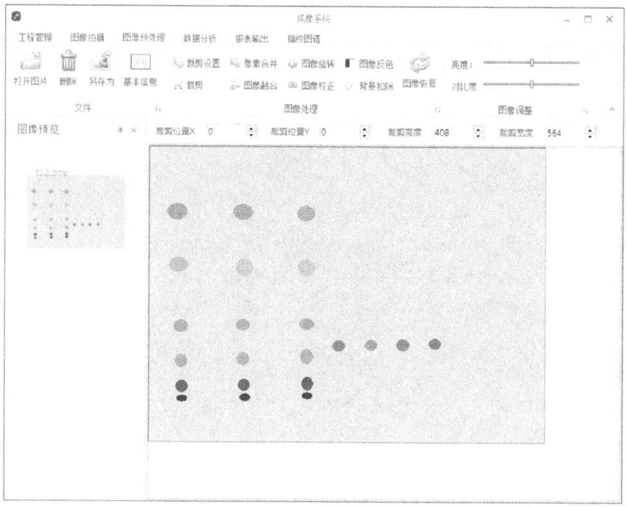

图 2-52　图像预处理界面

① 打开图片　打开外部图片进入预处理部分。默认打开格式为 BMP 和 JPG 两种图像格式。

② 删除　删除预处理的照片。需要注意，如果该照片进行了后续的分析，那么删除照片后，对应的分析数据也将被删除。

③ 另存为　保存当前预处理窗口显示的图片。保存格式为 BMP 或 JPG。

④ 基本信息　填写实验的基本信息，主要用于报表内容的输出（图 2-53）。

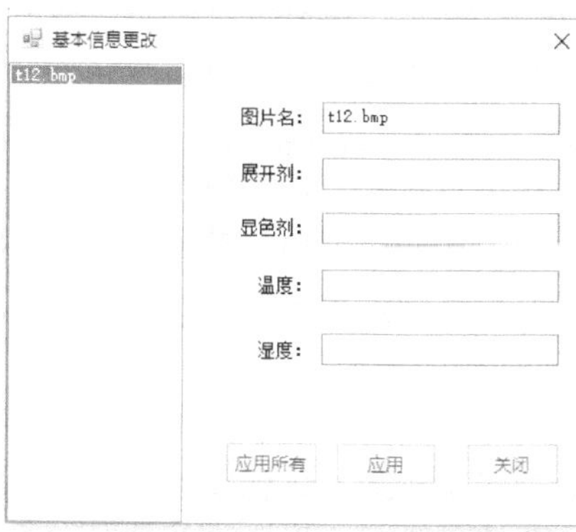

图 2-53　基本信息界面

⑤ 裁剪设置　进行 4 种薄层板初始裁剪位置的设定，设定后关闭软件会进行配置文件的自动保存，便于用户对同一批次的薄层板照片进行同时裁剪（图 2-54）。

注意：仪器出厂前已对数据进行了初次的校正。校正过程为选取 4 种薄层板，依次拍摄下实际的大小后（默认勾选了拍摄设置里的合并一次数据选项），读取到图片的起始点位置和宽高，并写入基本数据中。

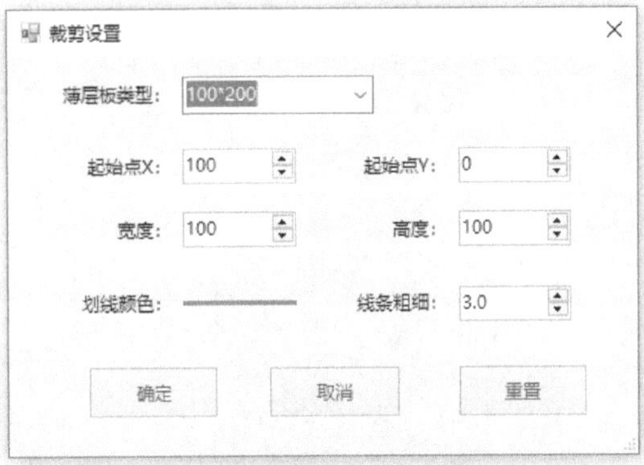

图 2-54　裁剪设置界面

⑥ 裁剪　按照当前图片显示的裁剪框进行所有图片的裁剪，并自动关闭图像预览（如果开启了图像预览）。将所有裁剪的图片加入数据分析中，并且界面切换到数据分析界面（说明：在图像中拖动相应矩形框的大小来调整裁剪框，或在界面上输入相应的位置进行调整，注意输入位置时不能超过图片的实际裁剪范围）。

注意：裁剪刷新只会刷新已修改的图片，不会刷新存在数据和未进行裁剪位置更改的图片。

⑦ 像素合并　用于照片像素过大的情况，合并后不会失真但是像素缩小，便于进行后处理（数据量过大在进行后处理时程序会进行大量运算，导致卡顿现象）。

⑧ 图像融合　用于连续拍照时对单幅照片出现的误差校正。操作时选择同样的照片进行叠加融合。

⑨ 图像旋转　将图像按顺时针指定的角度旋转。建议客户在拍摄时按照指定的薄层板类型进行拍摄。

⑩ 图像校正　对图像新顶点进行校正，操作时单击此按钮，再依次在图像中选择新的四个顶点，再次单击图像，单击确认“是否进行校正”，否则取消校正。

⑪ 图像反色　对图像进行反色操作，主要用于荧光光源下拍摄的图片。荧光图片只有进行反色后才能进行分析操作。

⑫ 背景扣除　对图像进行图片的相对扣除操作，扣除后最低点将默认为黑色。

⑬ 图像恢复　恢复至初始的图像状态，即删除中间所有的操作。

⑭ 图像亮度调整　调整图像的亮度系数，主要用于外部图像的打开。如果是使用软件进行拍摄的照片，建议在拍摄时进行饱和度的调整。

⑮ 图像对比度调整　调整图像的对比度系数，主要用于外部图像的打开。如果是使用软件进行拍摄的照片，建议在拍摄时进行对比度的调整。

（3）数据分析界面

简介如下。

第一步：双击左侧图片，右侧会显示带原点和前沿的分析图片，红色标记线可由“标注”中更改（图 2-55）。

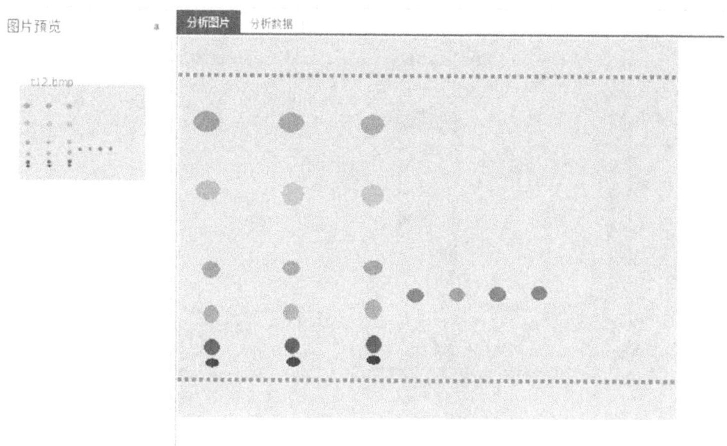

图 2-55　数据分析界面 1

第二步：单击“分析”，会自动加载泳道，并进行数据分析（图 2-56）。

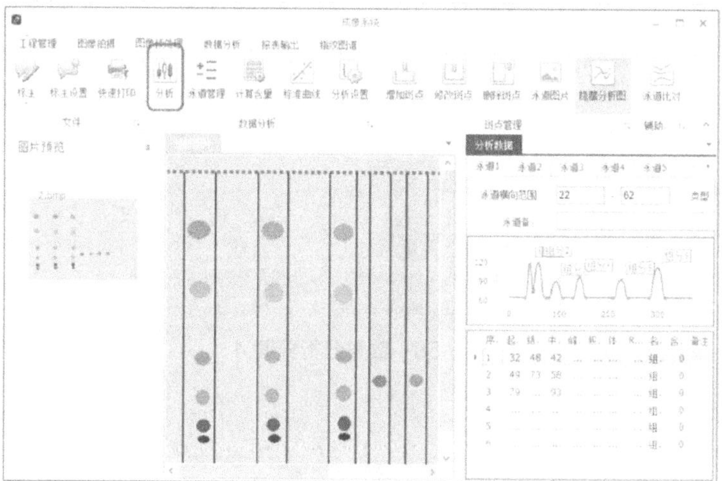

图 2-56　数据分析界面 2

第三步：若泳道需要增加、修改或删除，点击“泳道管理”，名称若需修改请在计算之前修改，否则会使分析的数据丢失（图 2-57）。

第四步：计算样品含量，需在类型中标明标准品，填写点样量及含量（图 2-58）。

注意：最后一次输入含量时需在其他位置点击鼠标一下，否则最后一个输入不成功，将不参与任何计算。

第五步：样品需标明点样量（图 2-59）。

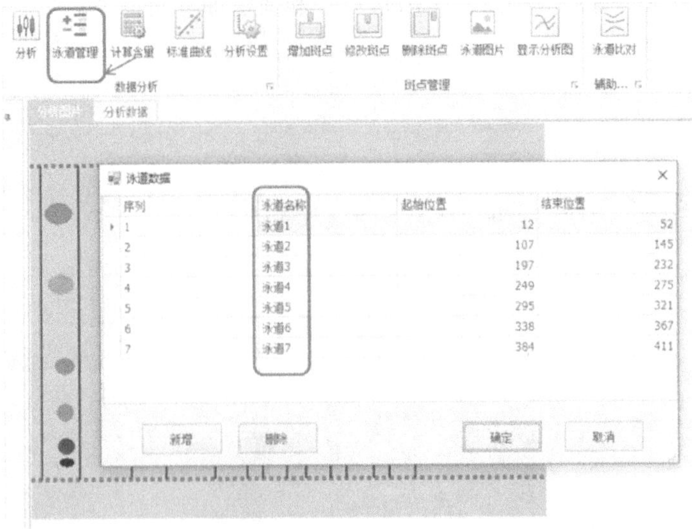

图 2-57　数据分析界面 3

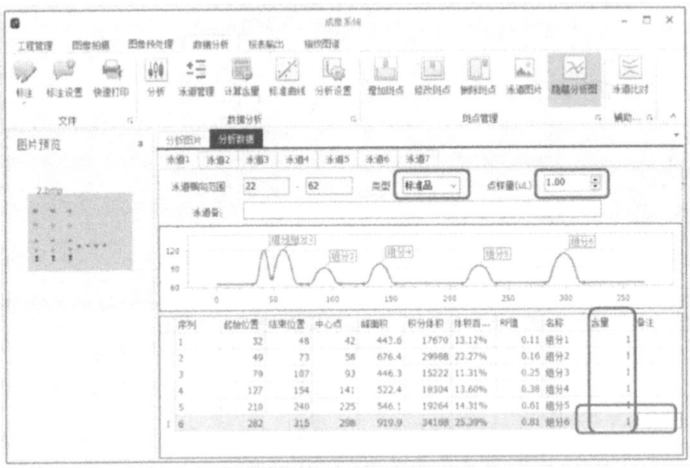

图 2-58　数据分析界面 4

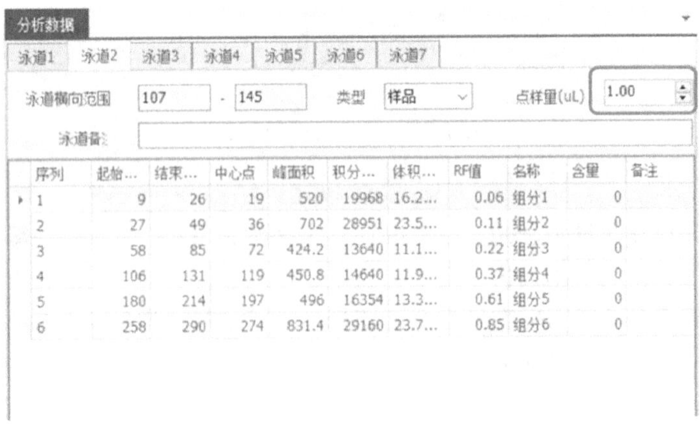

图 2-59　数据分析界面 5

第六步：都设置好后，单击“计算含量”，出现此对话框，单击“计算”“确定”，则完成样品的计算（图 2-60）。

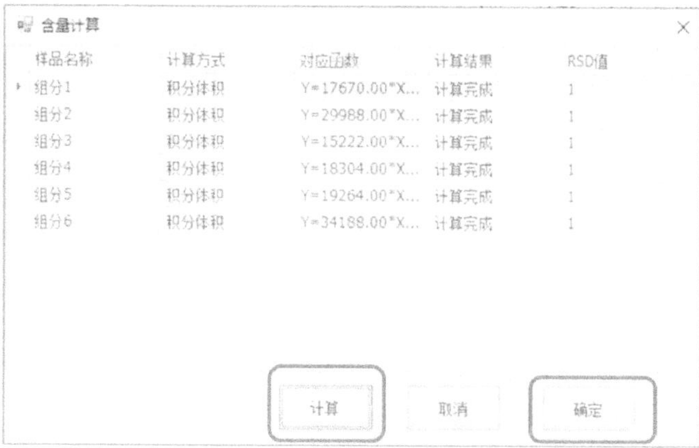

图 2-60　数据分析界面 6

第七步：样品的含量列表中会出现相应的浓度（图 2-61）。

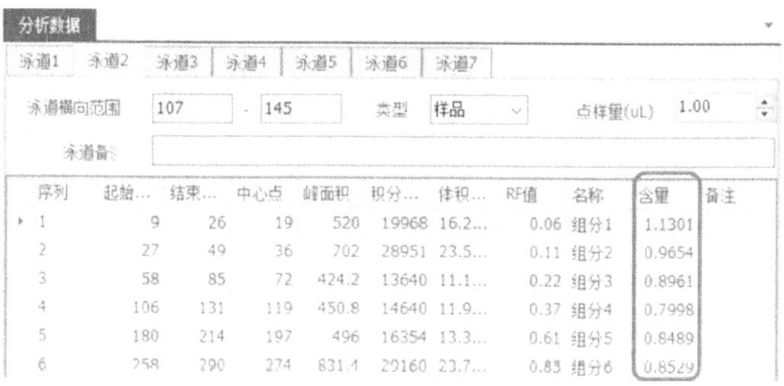

图 2-61　数据分析界面 7

关机：拍摄结束后，将薄层板从薄层成像系统中取出，关闭舱门，关闭薄层成像系统主机电源。非联机状态下软件，仍然可以处理图像数据信息。

2.10.3　仪器故障维修方法

（1）故障 1

打开软件工作站出现“服务器时间与本地时间差超过 2min，无法登录”的弹窗。

解决方法：打开“计算机管理”，按照图 2-62 操作，然后重启电脑，重启工作站。

（2）故障 2

软件无法识别色谱板。

解决方法：色谱板位置发生偏移，使用拍摄模板重新定位。

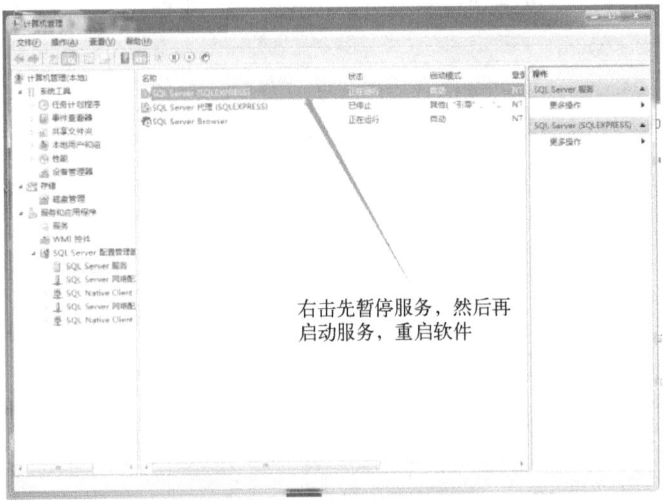

图 2-62　计算机管理界面

2.10.4　注意事项

① 每隔 2 个月至少开机一次，工作至少半小时，以使设备保持良好的工作状态。

② 仪器的外壳表面经过喷漆工艺的处理，在使用过程中不要将溶液洒在外壳上，否则会在外壳上留下难以消除的印迹。如果不小心将溶液洒到仪器上，应立即用湿毛巾擦拭干净，禁止使用有机溶剂擦拭。

③ 使用硫酸等强腐蚀性衍生剂后，应将薄层板背面擦拭干净后再放入仪器，以免对仪器造成腐蚀。

④ 镜头清洁，使用无尘布蘸取乙醇擦拭，避免划伤。

⑤ 做好光源保养，每月检查紫外灯强度，累计使用 500h 后更换新灯管。

2.10.5　练习题

(1) 选择题

① GoodLook-1000 型系统的中药指纹图谱分析功能模块不包括（　　）。

A. 聚类分析　　B. 相似度判定　　C. 化学结构解析　　D. 勾兑指导

② 拍摄荧光图像时，需优先设置的参数是（　　）。

A. 增益强度　　B. 曝光时间　　C. 图像饱和度　　D. 分辨率

③ 在拍摄波长范围内，标准配置不包括（　　）光源。

A. 紫外 254nm　　B. 紫外 365nm　　C. 白光 400～700nm　　D. 红外 800nm

④ 系统推荐的维护操作是（　　）。

A. 每月更换拍摄模板　　B. 定期清理荧光拍摄镜

C. 无须维护工业定焦镜头　　D. 每年升级硬件一次

⑤ 图像校正功能主要用于解决（　　）。

A. 斑点模糊　　B. 图片变形　　C. 背景杂光　　D. 曝光不足

（2）判断题

① GoodLook-1000 型系统的拍摄暗箱支持化学发光检测。（　　）

② 用户可自行关闭 90 天密码强制修改功能以提高便利性。（　　）

③ 工业定焦镜头需定期手动调整焦距以适配不同色谱板。（　　）

④ 背景扣除功能用于消除光源不均匀导致的图像阴影。（　　）

（3）讨论题

某次中药指纹图谱分析中，系统生成的图谱出现斑点模糊且相似度计算结果异常，请从硬件设置、软件操作、样品制备三方面分析可能的原因并提出解决方案。

2.11 实验 11：质构仪实验

质构仪（texture analyser）又名物性测试仪，是基于力学原理测试样品物理性质的标准仪器，可以对食品的物理特性进行客观、精确的描述，受到广大业内食品科研机构的认可。质构仪可操作性强，可针对不同样品，选择不同模式［如全质构分析（TPA）、压缩实验、拉伸实验、穿刺实验等］、不同探头以及调整不同的参数等，对食品的脆性、嫩度、硬度、黏性、松弛性、咀嚼性、抗压强度、弹性、拉伸强度、黏附性等进行分析。质构仪因其高效、简便、灵敏度高等优点被广泛应用在各种食品、药品、材料的质构评价中。

2.11.1 仪器工作原理

质构仪是模拟人的触觉，分析检测样品物理特性的仪器，其工作原理是主机的机械臂与探头之间连接有力学感应器，能感应样品对探头的反作用力，并将此作为力学信号传递给计算机，计算机通过软件将力学信号转变为数字和图形显示于显示器上，直接快速地记录样品的受力情况。

质构仪的检测方法主要有全质构分析（TPA）以及压缩试验、穿刺试验、挤出试验、剪切试验、弯曲试验和拉伸试验等基本试验模式，这些模式可以通过不同的运动方式和配置不同形状的探头来实现。质构仪的测试探头有多种，有锥形、柱形、针形、球形、盘形探头等，也有满足特殊测试需求的延伸测试装备、抗拉测试装备、轻型刀片测试装备等，可以根据实际情况，考虑测试要求和要检测样品的质构特性，选择不同的测试探头及测试附件。

2.11.2 仪器操作过程

本教材以 TMS-Pro 质构仪（美国 FTC 公司）为例，介绍质构仪的上机操作步骤。

（1）准备工作

根据样品特点选择合适的力量传感器和实验探头，在仪器关机状态下，将力量传感器正确地安装到仪器指定位置并旋紧旋钮，检查质构仪后面的上下限位螺母是否在仪器背面，是否松动。

（2）开机

插上电源，打开计算机，再打开质构仪开关（电源指示灯会亮）。仪器预热 10min 后打开质构仪操作软件（Texture Lab Pro），输入仪器操作员账号和密码后进入软件程序，软件左下角“UP/DOWN”键变亮表明软件与设备连接成功。

（3）程序设置

进入程序的主界面后，点击工具栏中的“File”，点击打开实验程序“Load Library Program”，根据实验目的选择相应程序（图 2-63）。

图 2-63　质构仪程序登录界面

（4）安装探头

根据实验目的选择合适的探头，正确安装实验探头，通过主界面左下角“UP/DOWN”键或仪器前面板“▲/▼”上下键将探头调节到合适的高度（距离标准样平台约 2cm 为宜）。

（5）开始测量

点击“Start”开始实验，根据提示输入起始力、检测速度、穿刺距离等实验参数（不同实验模式下实验参数不同）（图 2-64）。

根据提示放置样品，点击“Resume”启动测试程序，结果记录为力值变化曲线（图 2-65）。实验结束后可以选择是否修改实验设置，接受实验条件按“1”，修改参数按“0”。实验结束后清理操作平台和探头，并且用纸巾或柔软的毛巾擦拭干净，进行下一个样品测试。一般每组样品测定 5～7 个平行样品。

注意：根据提示进行操作，一般需要先设置位移零点，不要着急放置样品。实验过程中测试速度不宜太快，一般设置在 100mm/min 以内即可。

（6）实验结束

实验过程中务必及时保存原始实验结果，点击工具栏中的“File”→“Save as”保存实验结果。实验完毕后导出数据，点击工具栏中的“Setup”→“Report and Data Export”，将结果数据输出到Excel（图2-66）。关闭仪器和计算机，约1min后将力量传感器、探头正确取下，并擦拭清理干净，放回原处，清理操作平台，做好实验登记。

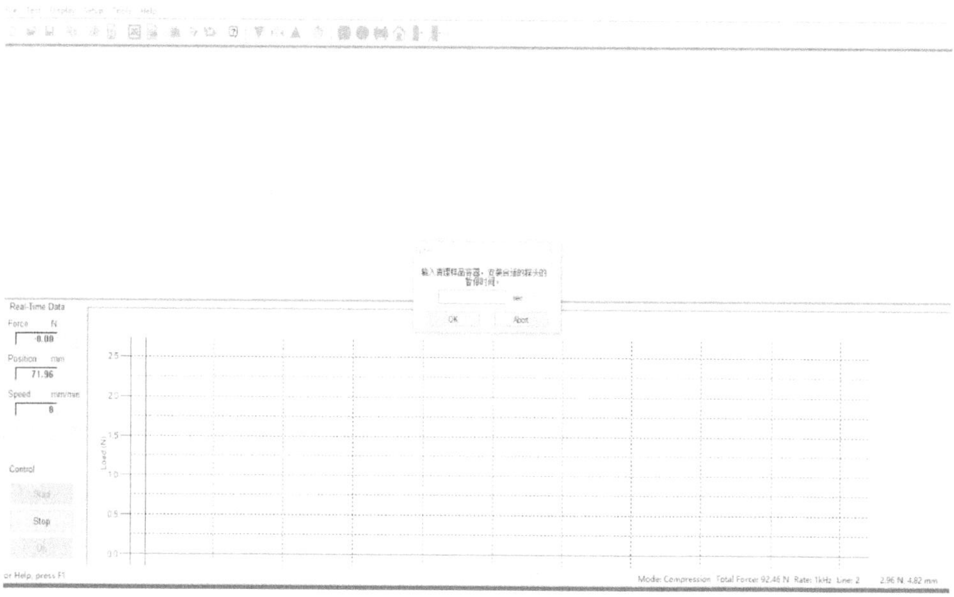

图2-64 质构仪参数设置

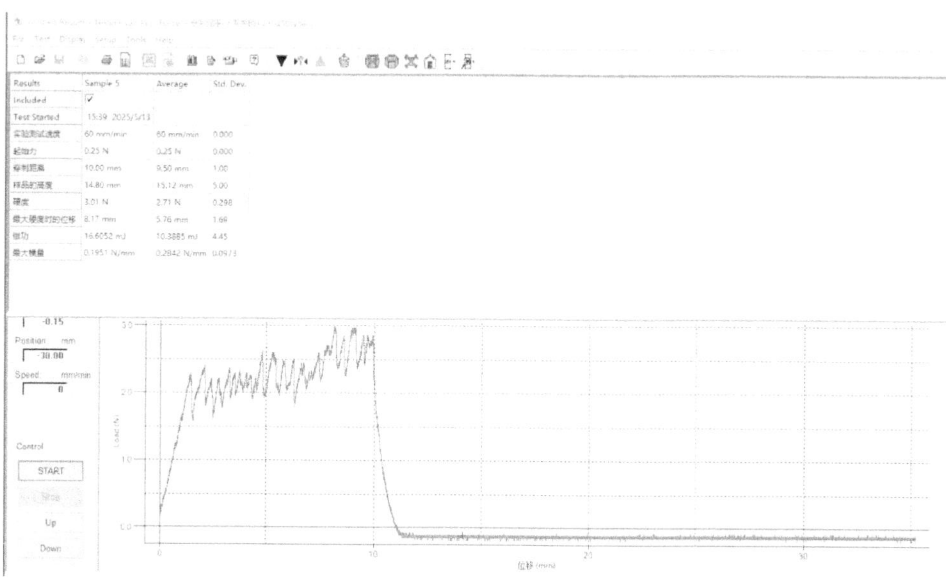

图2-65 质构检测结果

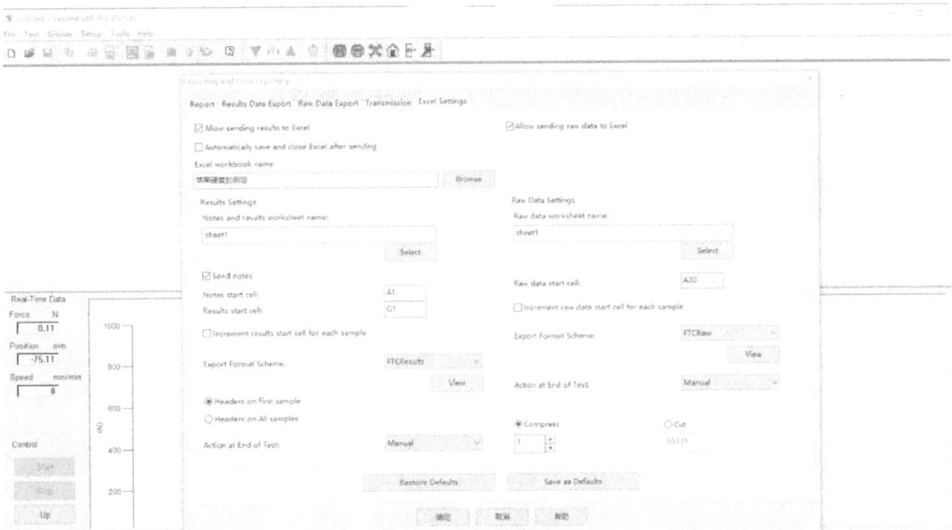

图 2-66 质构检测结果导出

2.11.3 仪器故障维修方法

（1）故障 1：质构仪测试不出峰

① 力量传感器故障或过载，需检查力量传感器状态，更换合适量程的力量传感器。

② 参数设置错误，检查起始力是否过高，导致未达到触发阈值；检查测试速度是否过高或过低，导致峰形未捕捉到；检查测试时间是否不足，导致峰出现在停止采集之后。从低起始力、低速、短测试时间开始逐步优化参数。

③ 样品问题，样品太软产生的力低于力量传感器的灵敏度，样品太硬会超出力量传感器量程，需要更换力量传感器；样品尺寸过小、形状过薄无法产生有效形变，样品质地不均匀会导致无明确峰，需要优化样品尺寸，确保形状规则、厚度适中。

（2）故障 2：穿刺实验中出现黏附力异常（如黏附力为 0）

① 探头表面残留样品未清洁，需要清洁探头。

② 测试速度过快导致黏附未充分体现，应降低测试速度至 30～60mm/min，并检查探头与样品的接触时间。

2.11.4 注意事项

① 实验过程中，如有突发事件，请立即按“紧急停止”键。

② 力量传感器必须在关机状态下安装或取下。

③ 定期校准仪器的力量传感器，以确保其测量结果的准确性。

④ 根据样品选择合适直径探头，避免因尺寸不匹配导致数据偏差。

⑤ 确保被测样品尺寸均一，避免因样品本身差异影响测量结果。

⑥ 每次使用后及时清洁仪器探头，避免杂质或污垢影响测量精度，并检查探头是否磨损。

⑦ 避免过度使用和超负荷测试。

2.11.5 质构仪的应用案例——基于 TMS-Pro 质构仪的不同品种苹果硬度的测定与比较

（1）实验目的

掌握 TMS-Pro 质构仪的操作方法及苹果硬度的测定方法；通过客观数据评价不同苹果样品的硬度差异，为苹果品质评价提供依据。

（2）实验原理

质构仪通过机械探头对样品施加压力，记录力-时间或力-位移曲线，从而量化硬度、弹性等参数。苹果硬度主要反映果肉组织的抗压缩和抗穿刺能力，通常通过穿刺试验或全质构分析（TPA）法测定。本实验采用穿刺试验，以标准化参数（如破裂力、破裂位移）表示硬度。

（3）实验步骤

① 仪器准备　将质构仪置于平稳台面，打开电脑，在质构仪关机状态下安装 250N 力量传感器，连接电源并启动预热 10～15min。

② 样品准备　选择成熟度相同的几个品种的苹果，将苹果沿赤道面切开，去除果核。用打孔器在果肉中取直径 8mm、高度 10mm 的圆柱体试样（需统一取样位置，如靠近果皮 1cm 处）。每组样品制备至少 5 个平行试样，避免果肉纤维方向影响结果（根据实验目的选择果肉测试或者整果不削皮直接测试）。

③ 参数设置　打开质构仪操作软件（Texture Lab Pro），输入仪器操作员账号和密码后进入软件程序，选择穿刺实验（250N）程序。根据提示安装穿刺探头，选择直径 2mm 柱形探头。点击“Start”开始实验，根据提示输入实验参数。

起始力：0.25N。

实验检测速度：60mm/min。

穿刺距离：8mm。

回程速度：60mm/min。

回程距离：20mm。

④ 测试操作　根据提示放置被测样品，将果肉中心位置对准质构仪探头，点击“Resume”启动测试程序。质构仪直径 2mm 的柱形探头从起始位置开始，以 60mm/min 的测试速度接触到样品的表面后（触发力 0.25N），再以 60mm/min 的测试速度穿过样品表面并继续穿刺到样品内部，达到 8 mm 的穿刺距离后以 60 mm/min 的测试速度返回起始位置。结果记录为穿刺过程中的力值变化曲线，每组样品重复测试 5 次，剔除异常值后结果取平均值。

⑤ 数据分析　使用软件导出数据，生成统计图表。

硬度计算：取曲线中首次出现的峰值力（N）作为果肉硬度值。

破裂位移：记录峰值对应的位移（mm），反映果肉抗穿刺能力。

（4）分析测试结果

结果分析：富士苹果硬度最高，可能与果肉细胞壁结构致密有关；嘎啦苹果硬度较低，口感更酥脆（表 2-6）。

表 2-6　不同品种苹果硬度的测定和比较

质构性能	华红苹果	富士苹果	嘎啦苹果
平均硬度/N	2.53±0.07	3.04±0.28	1.92±0.12
平均位移/mm	4.53	5.76	3.25

2.11.6　练习题

（1）选择题

① 质构仪的核心功能是测量样品的（　　）。

A. 颜色和气味　　B. 力学特性　　C. 化学成分　　D. 微生物含量

② 质构仪的核心部件包括主机、软件、力量传感器和（　　）。

A. 标准样品台　　B. 探头　　C. 探头连接杆　　D. 延长杆

③ 以下不是质构仪的基本实验模式的是（　　）。

A. 穿刺实验　　B. 剪切实验　　C. 咀嚼实验　　D. 拉伸实验

④ 质构仪测试结果得到的是（　　）。

A. 力-位移曲线　　B. 力-速率曲线

C. 位移-时间曲线　　D. 速率-时间曲线

⑤ 质构仪测量硬度的核心参数是（　　）。

A. 弹性模量　　B. 峰值力　　C. 黏度　　D. 断裂时间

⑥ 实验中检测速度一般可设置为（　　）。

A. 1mm/s　　B. 10mm/s　　C. 1mm/min　　D. 10mm/min

⑦ 测试速率过快可能导致（　　）。

A. 数据波动减小　　B. 样品变形不充分

C. 结果更精确　　D. 探头损坏

⑧ 为保证某一样品测试结果的重复性，以下不是必须采取的措施是（　　）。

A. 样品均一尺寸　　B. 统一平衡样品至室温

C. 控制环境温度为 25℃　　D. 每次测试后清洁探头

（2）判断题

① 质构仪探头使用后简单擦拭即可。（　　）

② 质构仪可以间接测定样品的 pH。（　　）

③ 测试时样品高度必须一致，否则会导致数据偏差。（　　）

④ 测试速率越快，测得的硬度值越高。（　　）

⑤ 做 TPA 实验时选用的探头截面积要大于被测样品的表面积。（　　）

（3）讨论题

请利用质构仪设计一个对比两种不同配方或制作工艺的两种面包老化情况的实验方案。

2.12 实验 12：多功能酶标仪实验

多功能酶标仪又称多功能微孔板检测仪（机）或多功能微孔板检测平台，可对以微孔板为体系的实验提供多种不同模式的检测（图 2-67）。通常，多功能酶标仪是指具有两种以及更多检测功能的仪器，至少可提供“吸收光”“荧光”这两种最常见检测功能。该仪器适用于食品/环境分析、临床检验、微生物学、流行病学、免疫学、内分泌学以及农林科学等领域。

图 2-67　美谷分子 i3x 酶标仪

2.12.1 仪器工作原理

（1）光吸收

光吸收是特定波长的光通过微孔板中的样品后，光能量被吸收，而被吸收的光能量与样品的浓度呈一定的比例关系，由此可以进行定性和定量的检测。光吸收的检测技术成熟、成本低、操作简单，但是动态范围窄、灵敏度比较低、特异性不强。

（2）荧光的检测

通过激发光栅分光后的特定波长的光照射到被荧光物质标定的样品上后，会发出波长更长的发射光，通过发射光栅后到达检测器。荧光的强度与样品的浓度呈一定的比例。荧光检测灵敏度高，可实时检测，使用方便，检测模式多样，但是容易受外界干扰，激发光与发射光容易互相影响，干扰检测。

（3）化学发光

化学发光（chemiluminescence）是 A、B 两种物质发生化学反应生成 C 物质，反应释放的能量被 C 物质的分子吸收并跃迁至激发态 C^*，处于激发态的 C^* 在回到基态的过程中产生光辐射。因化学反应过程中伴随光辐射现象，故称为化学发光。在生物学领域常被用来检测蛋白质与DNA，反应过程中不需要紫外光等激发光源，是依靠HRP（辣根过氧化物酶）或AP（碱性磷酸酶）等特定的酶与底物结合而促进反应的发生。通常产生的光辐射非常微弱，光信号不易采集。即使对反应过程进行连续曝光，但因成像质量不佳，而无法进行准确的定量分析。

（4）荧光偏振（FP）

1926年Perrin首先描述了荧光偏振理论，溶液中的荧光分子在受到偏振光照射时，可吸收并释放出相应的偏振荧光。如果在激发时荧光物质处于静止状态，发射光将保持原有激发光的偏振性；如果其处于运动状态，发射光的偏振平面将不同于原有激发光的偏振特性，这就是荧光偏振现象。荧光分子与其他因子的相互作用如相互结合或排斥，其所处环境的性质如溶液的黏度、温度等，这些因素都有可能对该荧光因子受激发后发出的发射光的发射平面产生影响。因此，以荧光偏振为基础发展的技术可用来研究生命科学中分子之间的相互作用，如受体配体结合分析、DNA-蛋白质结合分析、SNP分析、酶活性分析。

2.12.2 仪器操作过程

本教材以美谷分子i3x多功能酶标仪为例，介绍多功能酶标仪上机操作过程。

（1）开机

打开电脑主机、屏幕，打开酶标仪，质检（图2-68为质检完成后出现图标界面）。

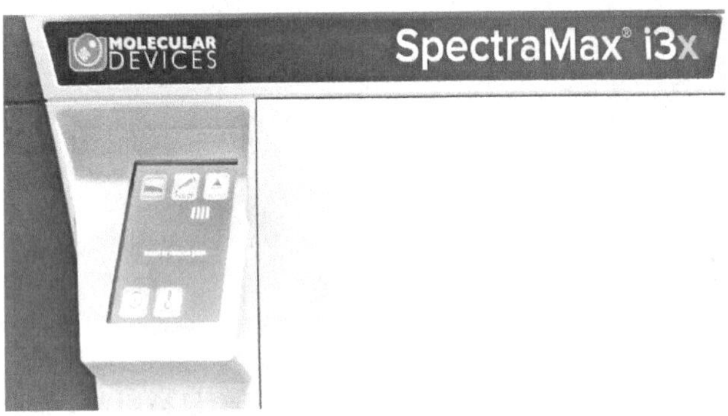

图2-68 i3x酶标仪开机后仪器界面

（2）程序设置

① 质检完成后，双击酶标仪软件，软件左上角的对钩图标变为绿色，表示已联机（图2-69）。

② 点击“Open”键，放入酶标板后，点击“Close”键，让酶标板进入仪器（图2-70）。

③ 点击“Acquisition Setting”键，选择功能（光吸收、荧光、化学发光和荧光偏振），每一个功能下，包含不同的读数模式（点读、光谱扫描、孔扫描）（图2-71）。

④ 选择“Settings”，进行参数设置（波长、板类型、板区域）→点击“OK”键完成设置（图2-72）。

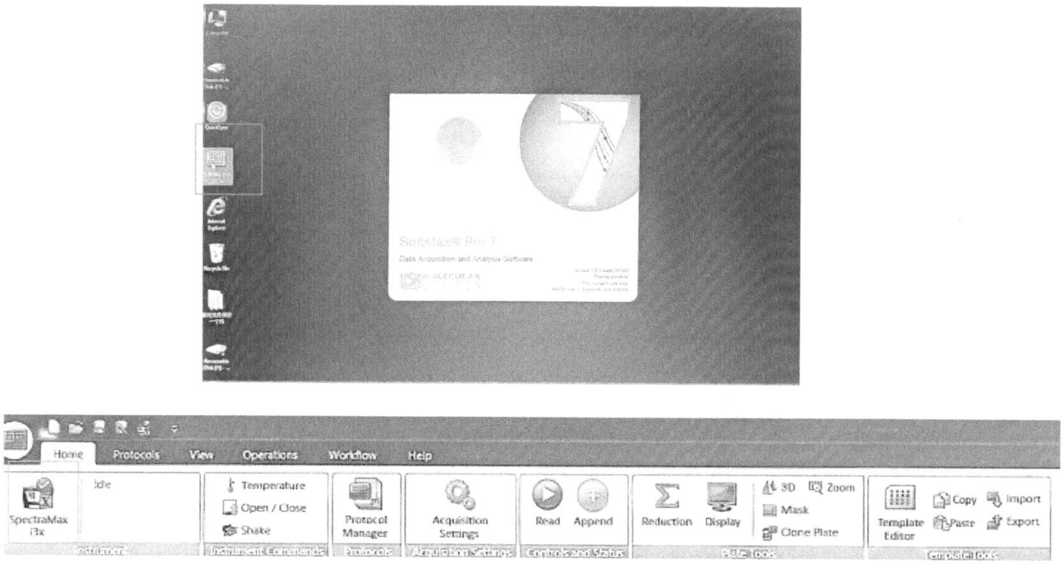

图 2-69 i3x 酶标仪软件菜单栏

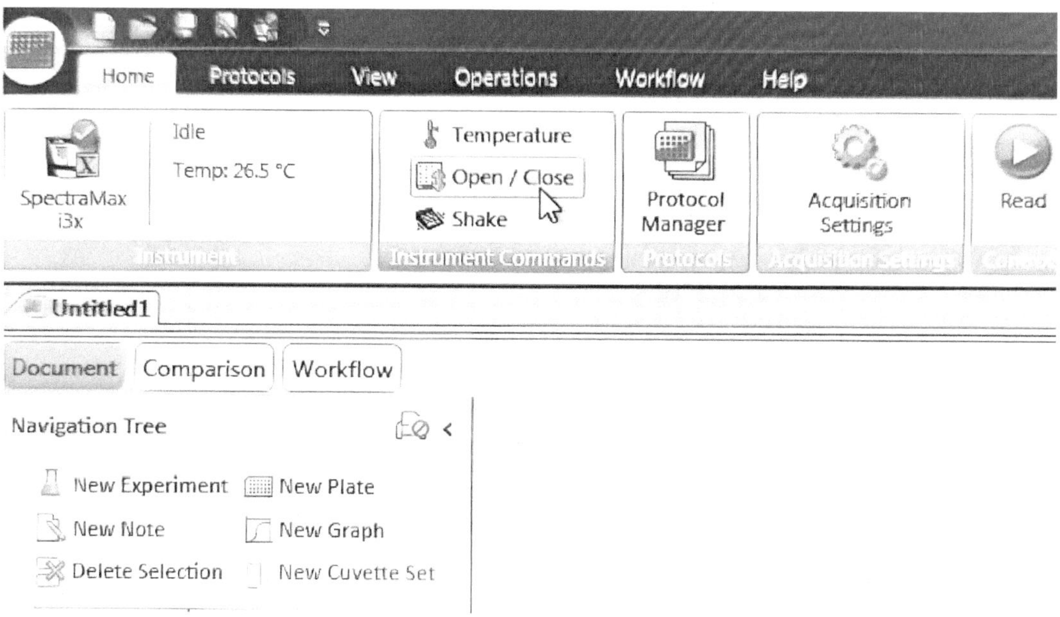

图 2-70 i3x 酶标板出入控制键

⑤ 最后点击“Read”键开始检测。

（3）数据保存

待检测完成后，自动弹出板，拿出酶标板，点击“Open/Close”键关闭，点击左上角

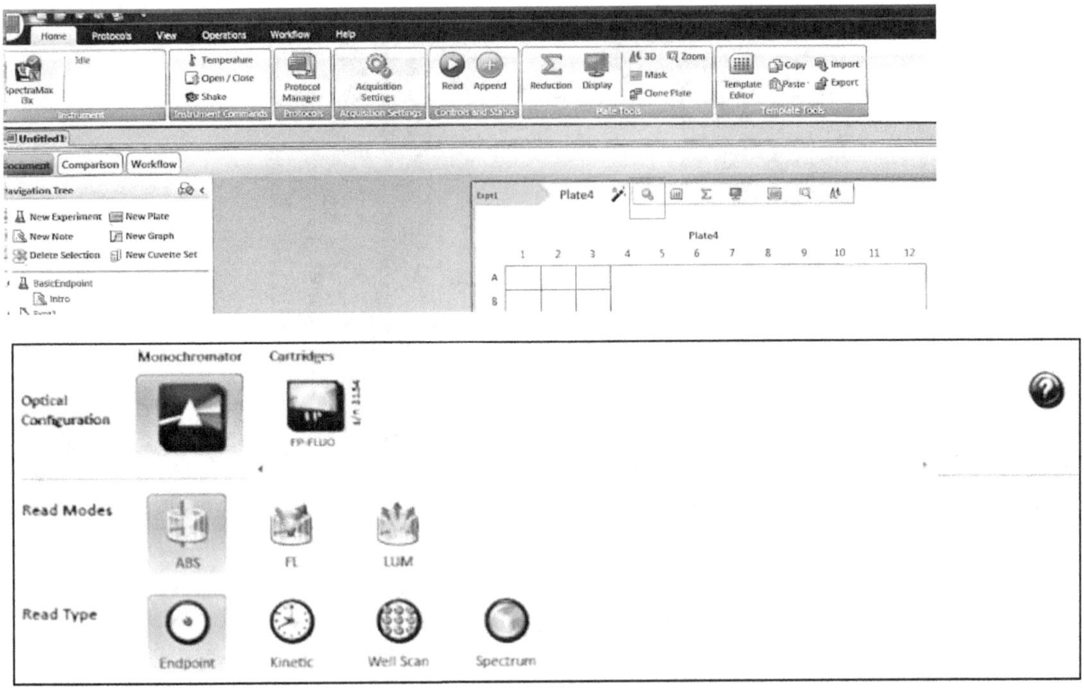

图 2-71 i3x 酶标仪检测参数设置

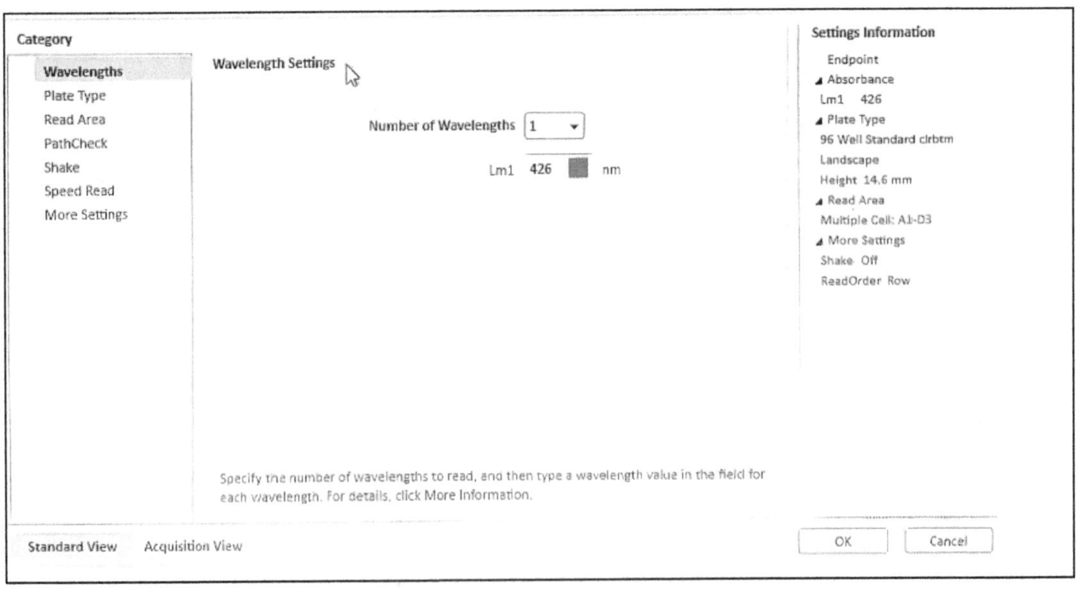

图 2-72 i3x 酶标仪检测波长设置

点图标，点击“Export”按钮输出数据，勾选“plate”，点击“OK”键，选择文件夹，格式为“Excel”并命名，完成数据保存。

（4）关机

关闭软件，用专用 U 盘拷贝数据，关闭酶标仪，关闭电脑主机。

2.12.3 仪器故障维修方法

软件没有与仪器连接，点击连接图标，重新连接仪器。仪器电量不足，更换氙灯。

2.12.4 注意事项

用电脑软件控制酶标仪的功能；板孔位置设置与实际放置样品位置一致；仪器上板槽为空心，小心放置，避免掉落；加样时，细致操作移液器，确保样品量一致；样品孔中避免有气泡。

2.12.5 多功能酶标仪实验案例——确定染料的最大吸收波长和浓度

（1）实验目的

掌握多功能酶标仪的操作方法，熟悉采用酶标仪进行光吸收测定，包括光谱扫描和终点读检测。掌握利用酶标仪进行染料含量测定的方法。

（2）实验原理

染料分子在一定波长的光照射下吸收能量，使分子发生电子跃迁，从而导致分子内部能量变化，产生吸收。不同染料对光的吸收波长和吸收光强度不同，因此，可通过测定吸光度来测定染料浓度。

（3）实验步骤

① 将罗丹明 B 标准品配制成 0.25mg/mL 的标准品溶液（母液）。0.2g $KHPO_4$，0.2g KCl，2.9g $NaHPO_4 \cdot 12H_2O$，8.0g NaCl，加去离子水至 1000mL，配制成 PBS 溶液。

② 通过梯度稀释法，由母液制备得到浓度为 0μg/mL、2.5μg/mL、5μg/mL、10μg/mL、15μg/mL、20μg/mL 的系列标准品溶液，在酶标板中每孔加入 100μL，每个浓度 3 个平行孔。再将待测样品加入酶标板，每孔 100μL。

③ 参考仪器开机步骤，打开仪器软件，选择 Spectram 光谱扫描，设置波长范围（450～750nm），选择读板区域，开始检测，导出光谱扫描数据，制作光谱扫描图。查找最大吸收波长处的吸光度，制作标准曲线，并计算未知样品中染料浓度。

（4）数据处理

基于光谱扫描数据，利用 origin 软件制作光谱扫描图谱，再根据最大吸收波长下对应的吸光度，采用 origin 软件制作标准曲线。

（5）结果分析

罗丹明 B 光谱扫描结果如图 2-73 所示，随着染料浓度增加，染料的吸光度逐渐增大，且波长为 550nm 时，染料的吸光度最大。罗丹明 B 定量标准曲线为 $Y=0.06X+0.04$，R^2 为线性相关性良好（图 2-74）。将未知样品的吸光度平均值代入标准曲线公式，样品中罗丹明 B 浓度为 7.28μg/mL。

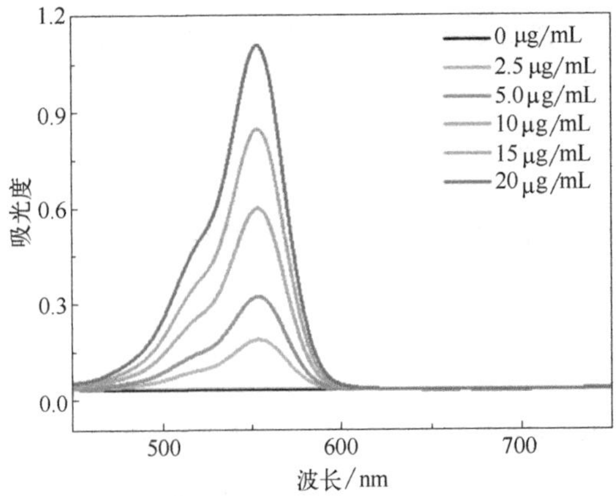

图 2-73　罗丹明 B 光吸收光谱图

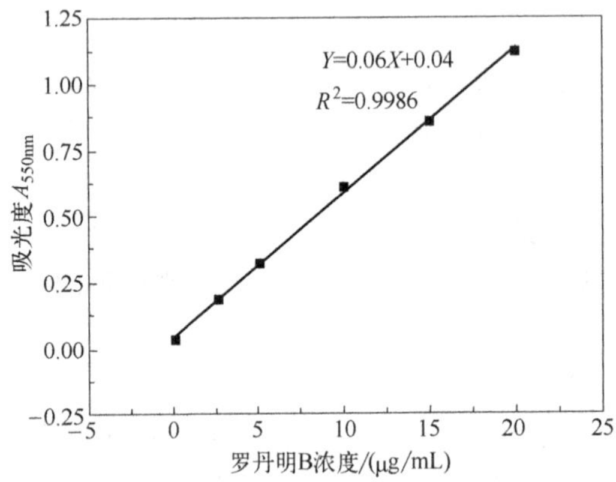

图 2-74　罗丹明 B 标准曲线

2.12.6　练习题

（1）选择题

① 酶标仪的主要检测原理是（　　）。

A. 荧光强度检测　　B. 吸光度（OD 值）检测

C. 电化学信号检测　　D. 温度变化检测

② 使用酶标仪前，通常需要预热（　　）。

A. 无须预热　　B. 5min

C. 15～30min　　D. 1h 以上

③ 酶标仪检测时，通常选择的波长范围是（　　）。

A. 200～300nm　　B. 340～750nm

C. 800～1000nm　　D. 仅限紫外光

④ 动力学检测模式下，读取间隔时间设置应考虑（　　）。

A. 反应体系的线性范围　　B. 酶促反应的初速度

C. 底物消耗程度　　D. 以上都是

⑤ 以下质控措施最能反映酶标仪的光学性能的是（　　）。

A. 空白孔 OD 值　　B. 标准曲线 R^2 值

C. 中性密度滤光片检测　　D. 重复检测 CV 值

⑥ 使用 96 孔板检测时，推荐的最小反应体积是（　　）。

A. 50μL　　B. 100μL

C. 200μL　　D. 300μL

⑦ 酶标仪使用完毕后，错误的操作是（　　）。

A. 关闭电源　　B. 清洁检测平台

C. 直接拔掉电源插头　　D. 登记使用记录

⑧ 当检测高浓度样本出现信号饱和时，首先应（　　）。

A. 更换检测波长　　B. 稀释样本

C. 缩短孵育时间　　D. 调整增益值

(2) 判断题

① 酶标仪可以检测任何液体样品的吸光度，无须特定反应体系。（　　）

② 酶标仪检测时，应避免气泡干扰，否则会影响 OD 值准确性。（　　）

③ 酶标仪使用后，可以用湿布直接擦拭光学部件。（　　）

④ 酶标仪的检测结果可以直接用于临床诊断，无须其他验证。（　　）

⑤ 酶标仪可以长时间连续工作，无须间歇休息。（　　）

(3) 讨论题

酶标仪在生物医学研究中的应用有哪些？结合实际操作，讨论在使用过程中可能遇到的误差来源及如何减小误差。

2.13 实验 13：YSI 多参数水质分析仪实验案例

YSI 多参数水质分析仪是一款智能化、模块化的水环境监测设备，适用于河流、湖泊、海洋、河口、地下水等多种水体，广泛应用于环境监测、科研调查、污染预警、生态评估等领域。该设备高精度、高稳定性、易操作的特点，使其成为水质监测领域的标杆设备。

2.13.1 仪器工作原理

YSI 多参数水质分析仪采用多传感器集成技术，通过光学、电化学及其他物理测量方法实现水质参数的精准检测。其光学系统基于荧光原理工作：溶解氧传感器通过蓝光激发荧光物质并检测荧光寿命变化；叶绿素和蓝绿藻传感器利用特定波长激发藻类色素并测量荧光强度；fDOM 传感器则通过紫外光激发溶解有机物的荧光来评估有机污染。电化学检测系统包含 pH/ORP（氧化还原电位）玻璃电极、电导率电极和离子选择性电极，分别通过电位差、电流传导和离子选择性膜来测定相应参数。物理测量模块采用热敏电阻检测温度，90°散射光法测定浊度。所有传感器数据由中央处理器整合，通过智能算法自动校准，并经由蓝牙/USB 传输至终端设备。仪器配备铜合金防护罩和自清洁系统，确保在复杂水环境中的长期稳定运行，为水质监测提供可靠的数据支持。

2.13.2 仪器操作过程

本教材以 YSI EXO1 多参数水质分析仪为例，介绍水质分析仪的上机操作步骤。

（1）设备组装

① 安装传感器　按顺序旋入电导率/温度、pH/ORP、溶解氧、浊度传感器至主机接口（图 2-75），确保锁扣发出“咔嗒”声（扭矩 0.6N·m）。

② 安装测量杯　将主测量杯旋入主机底部螺纹接口，校准杯套在外侧并旋紧三点卡位固定环。

③ 电池安装　装入 2 节 D 型碱性电池（正极朝外），旋紧电池仓外罩至防水密封。

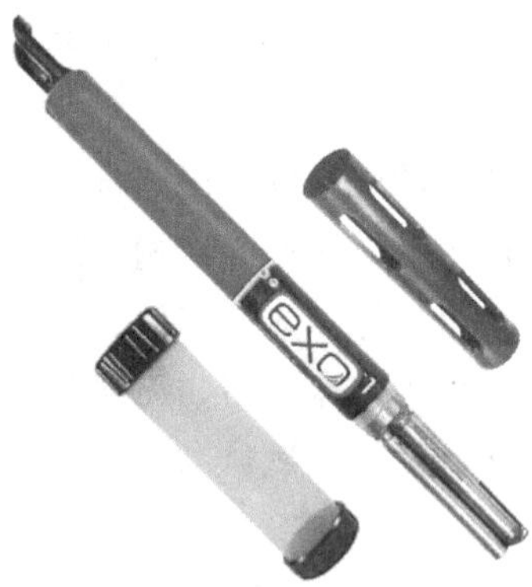

图 2-75　EXO1 多参数水质传感器

（2）设备激活

① 使用专用磁卡（P/N 603730）贴近主机中部防水壁 LOGO 区域（1cm 内），保持 3s 至状态灯闪烁蓝色（蓝牙激活成功）。

注意：首次使用需连续激活两次以完成配对注册，与 KorEXO 软件连接。

② 打开 Windows/Mac 版 KorEXO（v2.3.10+），选择“设备管理→新建连接→蓝牙搜索”，识别设备序列号并输入默认配对码。

提示：有效连接距离≤10m（建议环境干扰<−85dBm）。

（3）校准流程

① pH 校准　使用 pH 为 4.01 和 7.0 缓冲液执行两点校准，温度差异需≤5℃，误差<0.1。

② 电导率校准　1413μS/cm 标准液单点校准，偏差值<0.5%。

③ 溶解氧校准　暴露传感器于空气 30s，启用气压补偿功能。

④ 浊度校准　空气归零后，使用 100FNU Formazin 标准液验证线性误差。

(4) 水样预处理

① 静置 30min 消除气泡；

② 浊度检测前摇匀水样（避免悬浮物沉降）。

(5) 静态检测

① 倒入 200mL 水样至测量杯标线。

② 启动“静态采样”模式（1Hz 频率，持续 1min）。

③ 检测顺序：浊度→pH→电导率→溶解氧（避免搅拌干扰）。

(6) 数据记录

① 软件自动生成含温度补偿的 CSV 报告。

② 关键参数记录：电导率（μS/cm）、pH、溶解氧（mg/L）、浊度（FNU）。

(7) 仪器维护与关机

① 日常维护　检测后立即用超纯水冲洗传感器；浊度传感器每周使用钛合金刷头清洁；pH 传感器浸泡于 3mol/L KCl 储存液。

② 长期储存　拆卸传感器后安装接口堵头（IP67 防尘）；主机存放温度－20～80℃，pH 传感器需 0～60℃恒温箱。

2.13.3　仪器故障维修方法

(1) 故障 1：设备无法开机/突然断电

① 电源检查　确认电池仓接触良好，更换全新碱性电池（建议使用原厂电池）。检查电池极向是否正确安装。

② 硬件复位　取出电池等待 5min 后重新安装，长按电源键 10s 尝试强制重启。

③ 接口检查　检查所有传感器接口是否干燥清洁，移除所有外接设备后重试开机。

④ 若仍无法启动　记录故障现象（指示灯状态、报警音等），联系厂家维修服务。

(2) 故障 2：数据传输失败

① 连接检查　确认蓝牙/USB 连接正常，重启终端设备蓝牙功能。检查有效连接距离（蓝牙＜10m）。

② 软件设置　确认 Kor 软件为最新版本，检查设备配对信息是否正确。删除旧配对记录后重新连接。

③ 储存检查　尝试读取设备内部存储数据，如能读取，说明为传输模块故障，需专业检修。

④ 替代方案　使用备用数据线直接导出，或更换其他智能终端尝试连接。

2.13.4　注意事项

① 实验室温度控制在 15～30℃。

② 操作台须进行防振处理（浊度检测对振动敏感）。

③ 校准液须提前平衡至室温（±5℃温差限制）。

④ 每 10 个样品插入标准液验证（偏差＞5%需重新校准）。

2.13.5 YSI 多参数水质分析仪的应用案例——磁湖水理化指标监测

2.13.5.1 实验目的

建立磁湖水样中电导率、总悬浮固体、浊度、总溶解性固体、温度、pH、溶解氧、盐度、特定电导率、氧化还原电位 10 项指标的同步检测方法。验证 YSI EXO1 在室内检测中的精密度与准确性（偏差<5%）；分析磁湖水质污染特征，评估富营养化风险。

2.13.5.2 实验原理

多传感器同步采集。

溶解氧：ROX 光学溶解氧传感器采用荧光猝灭原理（波长 470nm/650nm），消除流速依赖性。

pH：玻璃电极响应 H^+ 浓度，内置温度补偿（Nernst 方程修正）。

浊度：90°散射光法（880nm LED 光源），自动清洁刷消除气泡干扰。

校准标准：DO（空气饱和法）、pH（4.01/7.00 缓冲液）、浊度（100FNU Formazin 悬浊液）。

数据修正：温度补偿（−50～0℃）、盐度修正（EC 值自动换算）。

2.13.5.3 实验步骤

（1）设备配置与校准

① 安装传感器　按顺序旋入电导率/温度、pH/ORP、溶解氧、浊度传感器至主机接口，确保锁扣发出“咔嗒”声（扭矩 0.6N·m）。

② 安装测量杯　将主测量杯旋入主机底部螺纹接口，校准杯套在外侧并旋紧三点卡位固定环。

③ 电池安装　装入 2 节 D 型碱性电池（正极朝外），旋紧电池仓外罩至防水密封。

（2）设备激活

① 使用专用磁卡（P/N 603730）贴近主机中部防水壁 LOGO 区域（1cm 内）保持 3s 至状态灯闪烁蓝色（蓝牙激活成功）。

注意：首次使用需连续激活两次以完成配对注册，与 KorEXO 软件连接。

② 打开 Windows/Mac 版 KorEXO（v2.3.10+）。选择“设备管理→新建连接→蓝牙搜索”，识别设备序列号并输入默认配对码。

提示：有效连接距离≤10m（建议环境干扰<−85dBm）。

（3）校准

① EXO1 主机通电，用蓝牙钥匙打开主机，打开电脑端 KorEXO 搜索仪器后点连接（图 2-76）。

② 如图 2-77 所示，查看 EXO1 各参数实时读数。

③ 点击“校准”按钮进入如下界面，选择需要校准的传感器并打开，开始校准。以 DO 传感器为例，EXO1 主机做好溶氧校准准备后点击 DO 传感器（图 2-78）。

④ 鼠标点击“DO”出现如下界面，点击 DO 百分比“校准”按钮进入下一步（图 2-79）。另外，参数传感器校准单位应选择与标准溶液相关的单位进行校准。

⑤ 点击校准后进入如下界面，等待稳定（图 2-80）。

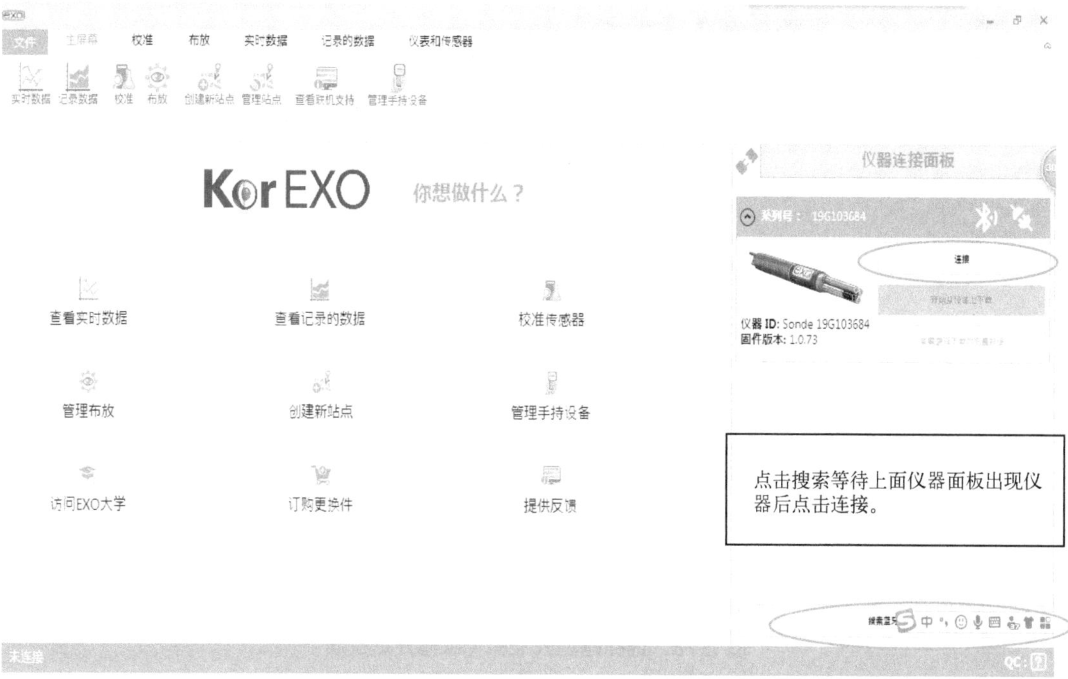

图 2-76　多参数水质分析仪 EXO1 连接 KorEXO

图 2-77　EXO1 各参数实时读数

图 2-78　选择需要校准的传感器开始校准

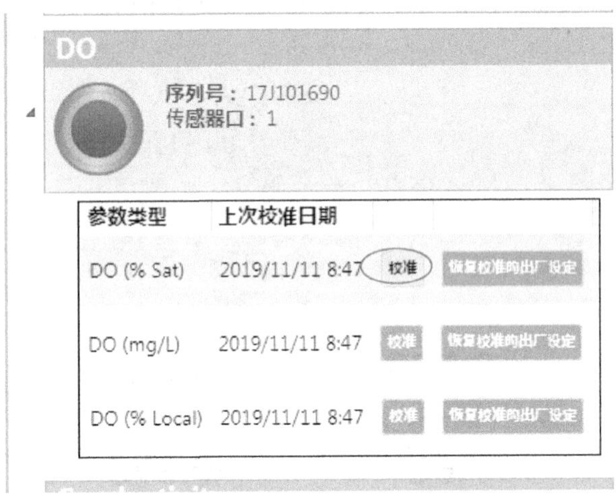

图 2-79　选择 DO 传感器打开开始校准

⑥ DO 校准界面如图 2-81 显示后点击应用（红线变绿线）。

⑦ 点击应用后如图 2-82 所示，点击完成校准。

⑧ 点击完成校准后出现图 2-83 界面，点击退出，DO 校准全部操作完成。

⑨ 重复③～⑧操作进行其它参数校准（⑨～⑬）。

⑩ pH 校准　使用 pH 为 4.01 和 7.0 缓冲液执行两点校准，温度差异需≤5℃，误差＜0.1。

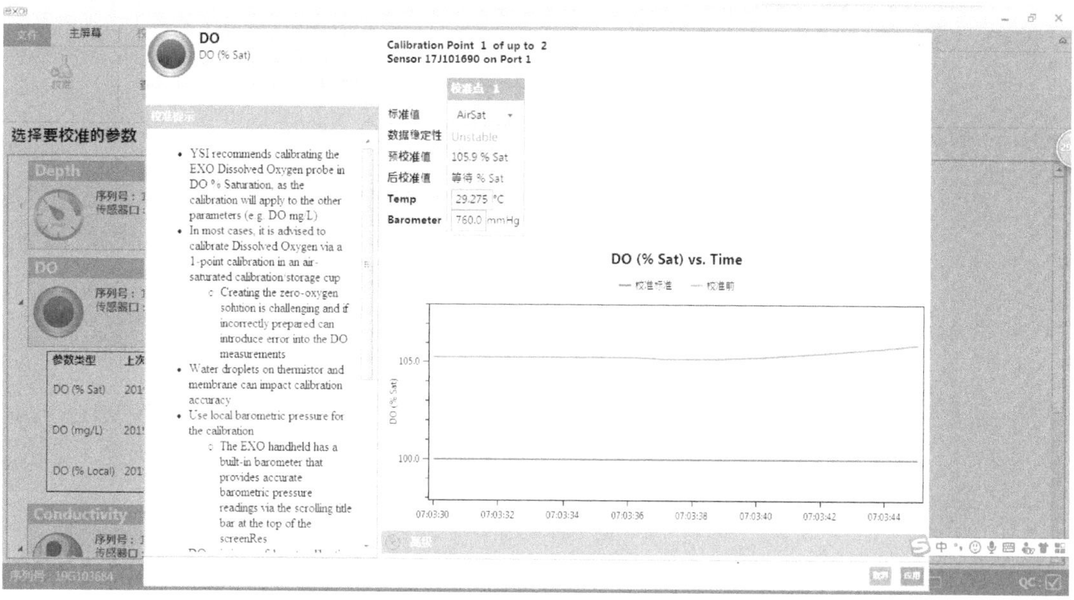

图 2-80 等待仪器稳定

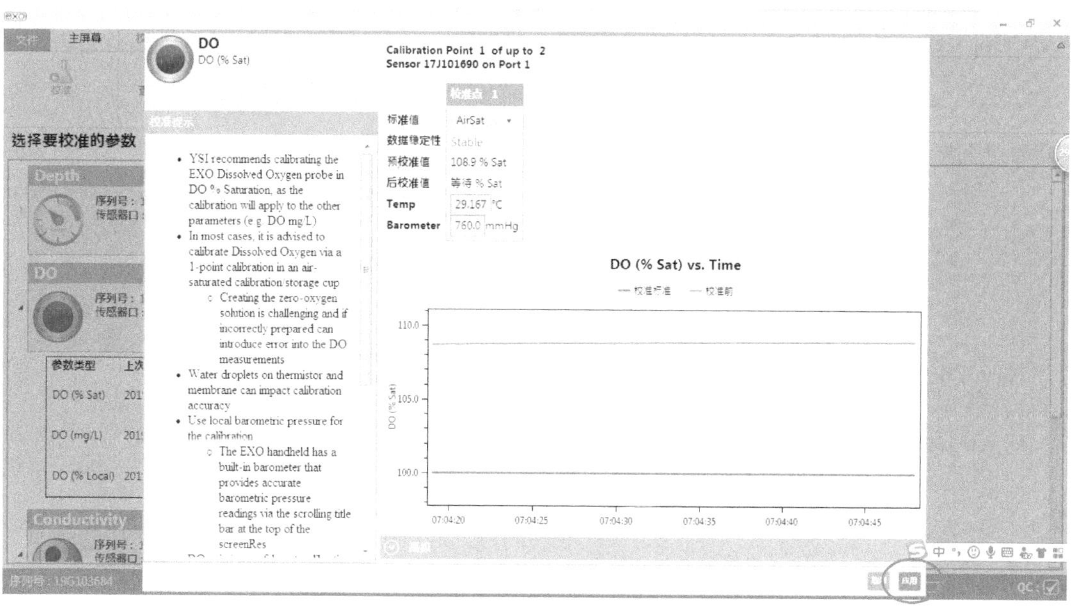

图 2-81 点击应用

⑪ 电导率校准 1413μS/cm 标准液单点校准，偏差值<0.5%。

⑫ 溶解氧校准 暴露传感器于空气 30s，启用气压补偿功能。

⑬ 浊度校准 空气归零后使用 100FNU Formazin 标准液验证线性误差。

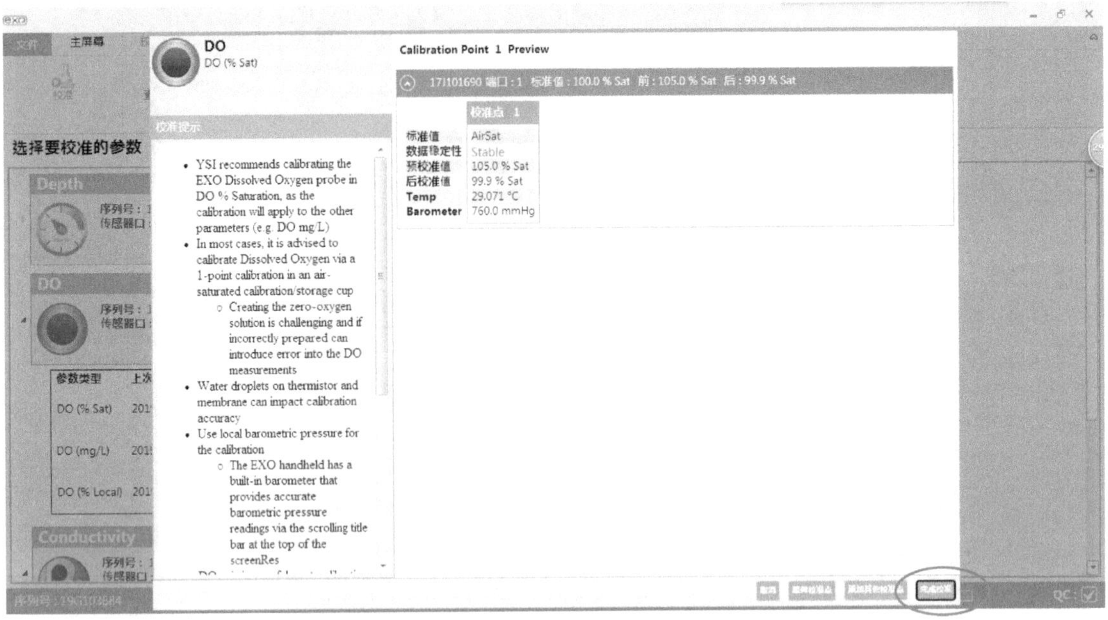

图 2-82　完成校准

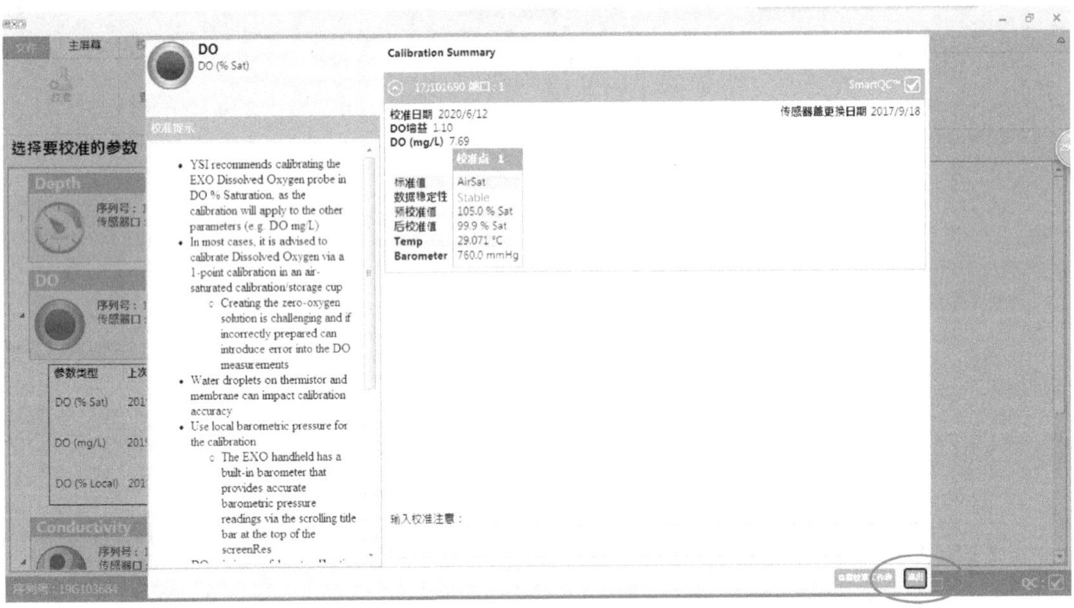

图 2-83　校准完成退出校准页面

（4）水样预处理

① 采样规范：磁湖设 10 个采样点（湖心区×2、入水口×2、出水口×2、近岸区×4），每点采集表层水样（0.5m 深度）；水样静置 30min 消泡，浊度检测前摇匀（防止悬浮物沉降）。

② 干扰消除：电导率检测前用超纯水冲洗传感器 3 次（防止盐分残留）。

(5) 室内检测

静态检测模式：注入 200mL 水样至主测量杯（液面要高于所有传感器）；

启动 KorEXO 软件“实验室模式”，关闭蓝牙以减少信号干扰；采样频率为 1Hz，持续 2min（生成 120 组数据/参数）。

(6) 数据采集与分析

软件处理，导出 CSV 文件（表 2-7）。

表 2-7 各采样点数据采集

采样点	电导率/(μS/cm)	溶解氧/(mg/L)	氧化还原电位/mV	盐度/PSU	特定电导率/(μS/cm)	总溶解固体/(mg/L)	浊度/FNU	总悬浮固体/(mg/L)	pH	温度/℃
1	311.0	10.75	184.2	0.13	282.4	184	7.92	0	8.88	30.307
2	387.2	7.44	236.5	0.17	352.4	229	5.41	0	7.82	30.169
3	372.2	9.70	284.2	0.16	336.5	219	5.92	0	8.71	30.560
4	375.4	9.37	270.3	0.16	335.8	218	7.30	0	8.55	31.173
5	367.9	9.96	304.8	0.15	329.3	214	8.17	0	8.75	31.128
6	368.1	11.06	306.5	0.16	332.4	216	7.46	0	8.57	30.620
7	349.8	11.28	327.0	0.15	317.3	206	6.90	0	8.53	30.361
8	462.5	10.29	359.6	0.20	418.1	272	5.84	0	7.71	30.557
9	413.1	9.97	402.1	0.18	377.2	245	5.54	0	7.94	29.980
10	440.3	8.39	406.3	0.19	400.9	261	5.35	0	7.46	30.144

2.13.6 练习题

(1) 选择题

① YSI EXO1 的传感器安装扭矩要求为（　　）。

A. 0.3N·m　　B. 0.6N·m　　C. 1.0N·m　　D. 1.5N·m

② 溶解氧传感器校准需暴露在空气中至少（　　）。

A. 10s　　B. 20s　　C. 30s　　D. 60s

③ pII 校准使用的缓冲液组合是（　　）。

A. 4.01 和 9.21　　B. 4.01 和 7.00　　C. 7.00 和 10.01　　D. 6.86 和 9.18

④ 浊度传感器校准前须先进行（　　）。

A. 空气归零　　B. 超纯水冲洗　　C. 标准液摇匀　　D. 温度补偿

⑤ 设备蓝牙激活的有效距离为（　　）。

A. ≤5m　　B. ≤10m　　C. ≤15m　　D. ≤20m

⑥ 静态检测模式下，水样体积须达到（　　）。

A. 100mL　　B. 150mL　　C. 200mL　　D. 250mL

⑦ 长期储存时，pH 传感器应浸泡于（　　）。

A. 3mol/L KCl 溶液　　B. 纯水　　C. 0.1mol/L HCl　　D. 无水乙醇

⑧ 电导率校准的标准液浓度为（　　）。

A. 100μS/cm　　B. 500μS/cm　　C. 1413μS/cm　　D. 2000μS/cm

⑨ 检测时实验室温度应控制在（　　）。

A. 0～10℃　　B. 15～30℃　　C. 30～40℃　　D. 40～50℃

⑩ 若数据传输失败，首先应检查（　　）。

A. 电池电量　　B. 蓝牙连接距离　　C. 传感器接口　　D. 校准记录

（2）判断题

① YSI EXO1 的电池安装须正极朝内，负极朝外。（　　）

② 溶解氧校准须将传感器完全浸入水中 30s。（　　）

③ 浊度检测前须静置水样以避免悬浮物沉降。（　　）

④ 设备激活时，磁卡须贴近主机 LOGO 区域保持 3s。（　　）

⑤ 长期存储时，主机可存放于－30℃环境中。（　　）

（3）讨论题

某研究小组使用 YSI EXO1 监测某湖泊水质时，发现溶解氧数据异常偏低。请分析可能的原因及解决方案。

第3章

分离类大型仪器实验

教学目标： 掌握分离类大型仪器的操作方法、使用注意事项、故障维修方法、应用范围、实际样品检测的前处理方法和数据处理方法。了解仪器工作原理和国内外同类仪器发展概况。

本章学习重点： 分离类大型仪器的操作方法、应用范围和数据处理方法。

3.1 实验 14：半制备型液相色谱实验

半制备型液相色谱仪是现代化学、生物等研究实验室不可或缺的纯化工具。它主要用于在实验室规模下，从复杂混合物中高效、高纯度地分离和制备毫克至克级的特定化合物，服务于天然产物研究、有机合成、药物研发、标准品制备等多个关键领域。其分离率高、灵活性好且成本相对较低，这些特性使其成为天然活性物质规模化生产的必备工具。

3.1.1 仪器工作原理

半制备型液相色谱仪原理：用高压泵将液体储集层中的流动相送入系统，样品溶液通过进样器进入流动相，将流动相装入色谱柱（固定相）。由于样品溶液中的组分在两相中具有不同的分配系数，当它们在两相中相对移动时，经过反复的吸附—解吸分配过程后，各组分的移动速度有很大的差异。当样品通过检测器时，会被转换成电信号并传送到记录仪，数据以图表的形式在电脑中显示，分析人员可以根据出峰时间，设置样品自动收集程序，从而制备纯度高的样品。

3.1.2 仪器操作过程

本教材以清博华半制备型液相色谱仪为例，介绍上机操作过程（图 3-1）。开机前换流动相，打开稳压电源、电脑、仪器电源，排除气泡，打开软件 Easychrom→项目管理 →点击新建 →加载设备（各个模块都显示正常）→泵（设置洗脱程序、流速）/检测器（波长、通道数，同一时间只能开一个灯，氘灯波长范围为 200～400nm/钨灯 200～700nm）/收集器（可自动或手动）→命名方法→连接→基线运行（待基线跑平，大概 20min）→将旋钮扳到 Load，打样品时匀速进样（若注射器有气泡要先把气泡排出来）→将旋钮扳到 Inject（此时仪器会自动运行）→停止（跑完样品）→弹出框命名样品，直接进下一针（方法同上）。

关机时冲洗系统：待样品跑完，点击屏幕上的断开，换流动相（A 相为甲醇，B 相为纯水），在屏幕右边点击谱图采集（图 3-2）→在仪器方法中选择冲洗系统方法（20190315 冲洗系统），点击连接，点击启动（此时系统会自动运行 100min 后停止），冲完系统后关闭软件，

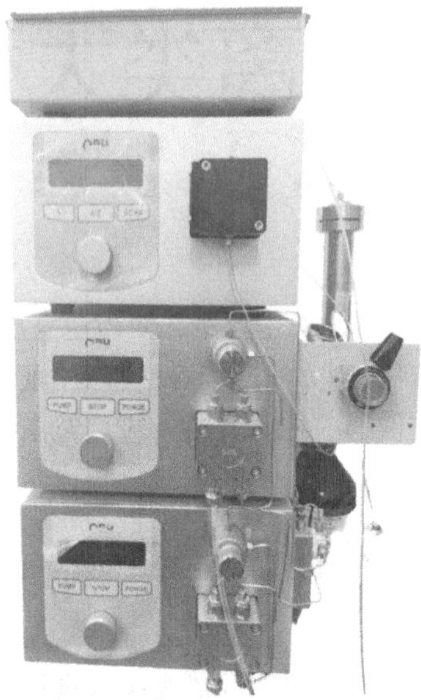

图 3-1　清博华半制备型液相色谱仪

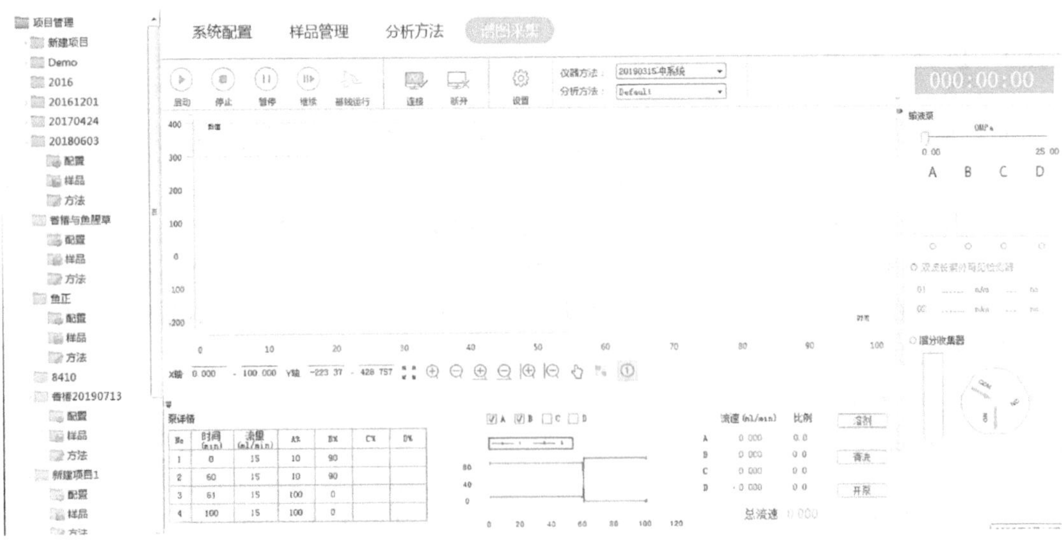

图 3-2　清博华半制备型液相色谱仪操作界面

关闭电脑、仪器电源、稳压器，洗针（用纯水洗即可，若样品是浓度过高或含有色素的物质可先用甲醇洗，再用纯水洗）。

3.1.3 仪器故障维修方法

（1）压力过高

原因：管路堵塞（尤其是在线过滤器、保护柱、色谱柱入口筛板、进样器针座）、色谱柱污染/塌陷、流动相溶剂互溶性差或析出、比例阀故障、单向阀污染/失效、柱温过低（流动相黏度高）、系统设定流速过高。

维修：逐段检查疏通管路，更换堵塞的过滤器/筛板，清洗或更换单向阀/比例阀，使用正确配比的流动相（充分混合、过滤、脱气），适当升高柱温，降低流速排查。严重柱污染需再生处理或更换色谱柱。

（2）压力过低

原因：管路泄漏（接头松动、密封圈老化、泵头漏液）、单向阀失效（密封不严或内有气泡）、泵头密封圈磨损（导致内漏）、流动相耗尽、比例阀故障、柱温过高（黏度低）。

维修：仔细检查所有管路接头（特别是泵头、进样器、检测器、柱接头）是否有漏液，拧紧或更换密封圈/接头。检查泵头密封圈状态，必要时更换。排出单向阀内气泡，清洗/更换单向阀，确保流动相充足。检查比例阀工作状态。

（3）压力波动大/不稳

原因：泵内有气泡（流动相脱气不充分、溶剂瓶液位过低、吸入管路有微小裂缝）、单向阀污染/部分失效、泵头密封圈磨损严重、柱塞杆磨损/划伤、比例阀切换异常、梯度比例不准、系统存在泄漏（尤其低压端）。

维修：彻底脱气流动相，检查并修复吸入管路漏气点，确保溶剂瓶液位足够高。清洗或更换单向阀。更换磨损的泵头密封圈。检查柱塞杆状态，严重磨损需专业维修或更换泵头组件。检查比例阀和梯度程序。排查并修复所有泄漏点。

（4）漏液

原因：泵头密封圈老化/磨损/损坏（最常见）、泵头安装不紧密、柱塞杆划伤、管路接头密封圈老化/损坏/未拧紧、进样器转子密封圈磨损、废液管路连接不紧密。

维修：立即停机，确认漏液位置。更换泵头密封圈是最常见操作（须按手册操作，注意排空气泡）。拧紧松动的接头或更换损坏的密封圈/管路/接头。更换进样器转子密封圈。确保废液管连接牢固。

3.1.4 注意事项

① 仪器长时间没有使用，导致流动相很难泵入系统，需要用注射器将流动相抽入系统。
② 每次仪器开机，均需要排气。
③ 仪器进样量多少由定量环大小确定，不同仪器进样量不同，本仪器进样量为 2mL。

3.1.5 半制备液相色谱仪的应用案例

（1）实验目的

基于半制备型液相色谱仪从鱼腥草正丁醇部位分离单体。

(2) 实验原理

混合物进入半制备型液相色谱仪后，样品中的组分与流动相、固定相相互作用力不同，在检测器上可以检测到不同出峰时间的物质。

(3) 实验步骤

开机前先换流动相（A 相为 0.3%甲酸，B 相为乙腈）→稳压电源→电脑→仪器电源→排气泡（先排 A 泵，再排 B 泵，如排 A 泵，将 A 泵右侧的排气阀左拧半圈，点 Purge，此时液体会从 A 泵右侧的细管中流出来，当气泡排完时，点 Stop 停止排气泡，然后右拧关闭排气阀）→点开软件 Easychrom→点击左侧所用的方法（如鱼腥草正丁醇部位）→点击右侧的谱图采集→在仪器方法中选择表 3-1 中的条件，检测波长为 324nm，点击连接→基线运行（待基线跑平，大概 20min）→将旋钮扳到 Load，打样品时匀速进样（若注射器有气泡要先把气泡排出来）→将旋钮迅速扳到 Inject（此时仪器会自动运行）→停止（跑完样品）→弹出框命名样品，直接进下一针（方法同上）。

表 3-1 半制备型液相梯度洗脱条件

时间/ min	流动相 A/%	流动相 B/%
0	80	20
5	80	20
13	75	25
17	70	30
20	65	35
21	70	30
30	80	20

拷贝图谱：打开软件 Easychrom，点击项目管理下的鱼腥草正丁醇部位（以鱼腥草正丁醇部位为例），点击样品，在右边的样品管理中点击所需要拷贝的图谱（双击打开），点击左上角的报告栏，在报告模板一栏选择模板 1，点击 pdf 导出整体报告，保存报告即可进行拷贝。

(4) 实验结果分析

收集如图 3-3 色谱图中 14.1min 处色谱峰最高的物质，经冷冻干燥后，用于结构表征。

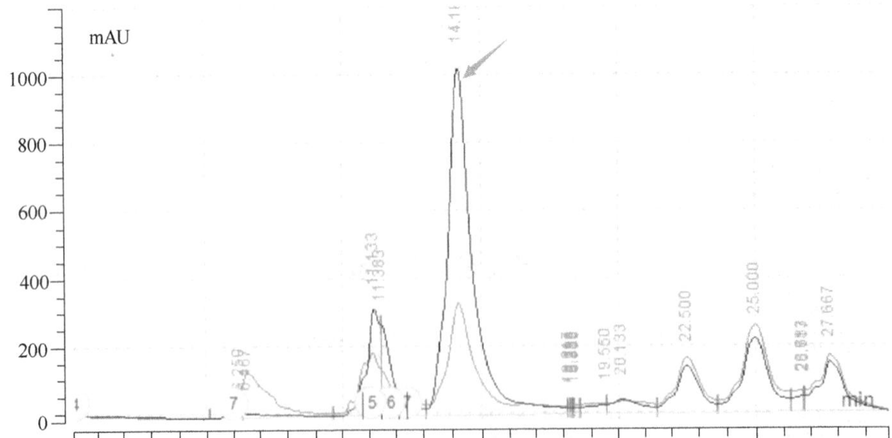

图 3-3 半制备型液相分离色谱图

3.1.6 练习题

（1）选择题

① 半制备型液相色谱仪的主要用途是（　　）。

A. 分析微量组分　　B. 分离并收集大量纯化合物

C. 仅用于检测样品纯度　　D. 替代分析型液相色谱

② 半制备型液相色谱的柱内径通常范围是（　　）。

A. 1～2mm　　B. 5～20mm　　C. 30～50mm　　D. 100mm 以上

③ 以下检测器在半制备型色谱中不常用的是（　　）。

A. 紫外-可见检测器　　B. 荧光检测器

C. 示差折光检测器　　D. 火焰离子化检测器

④ 为提高半制备型分离效率，应优先调整的参数是（　　）。

A. 流速和柱温　　B. 进样量和流动相比例

C. 检测器波长　　D. 数据采集频率

⑤ 半制备型色谱中，过载进样的目的是（　　）。

A. 增加单次运行的产物收集量　　B. 提高分离度

C. 减少溶剂消耗　　D. 延长色谱柱寿命

⑥ 目标化合物的纯度达到（　　）以上更容易通过半制备型液相分离其单体。

A. 55%　　B. 65%　　C. 75%　　D. 85%

⑦ 收集馏分时，触发收集的信号通常来自（　　）。

A. 泵压力变化　　B. 柱温波动

C. 检测器吸光度阈值　　D. 流动相 pH

⑧ 半制备型色谱流动相选择的关键因素是（　　）。

A. 成本低廉　　B. 易于挥发，以便后续去除

C. 与目标物溶解度和分离度匹配　　D. 无色透明

⑨ 与分析型液相色谱相比，半制备型色谱的流速通常（　　）。

A. 更高　　B. 更低　　C. 相同　　D. 无须控制

⑩ 半制备分离后，验证产物纯度的常用方法是（　　）。

A. 再次运行分析型 HPLC　　B. 称重收集的产物

C. 测定馏分 pH　　D. 观察颜色变化

（2）判断题

① 半制备型色谱的检测器只能使用紫外检测器（UV）。（　　）

② 半制备型色谱柱的填料粒径通常为 10μm 以上，以提高柱效和分离度。（　　）

③ 半制备型色谱分离后的产物纯度可通过简单的 TLC（薄层色谱）定性判断，无须进一步验证。（　　）

④ 半制备型液相色谱仪主要用于微量样品的定性分析，适用于痕量化合物的检测。（　　）

⑤ 半制备型色谱的流动相选择只需考虑分离效果，无须考虑溶剂的毒性和成本。（　　）

（3）讨论题

如何通过实验确定某一样品的最大允许进样量（不显著影响分离度）？

3.2 实验 15：蛋白质纯化仪实验

蛋白质纯化仪广泛应用于生命科学研究、生物医药开发、临床诊断以及食品和化妆品检测等领域。在生命科学研究中，用于分离和纯化各种蛋白质，助力蛋白质结构与功能研究；在生物医药开发中，可从复杂的生物样品中提取高纯度的药用蛋白质，如胰岛素、干扰素等；在临床诊断领域，能够纯化用于检测的蛋白质标志物，提高诊断的准确性；在食品和化妆品行业，用于检测和纯化其中的蛋白质成分，保障产品质量。

3.2.1 蛋白质纯化仪工作原理

蛋白质纯化仪主要基于蛋白质的物理、化学和生物学性质的差异，通过色谱技术实现蛋白质的分离和纯化。常见的色谱技术包括离子交换色谱、凝胶过滤色谱、亲和色谱等。

（1）离子交换色谱

利用蛋白质表面所带电荷与离子交换树脂上的离子基团之间的静电相互作用进行分离。不同蛋白质所带电荷的种类和数量不同，在特定的 pH 条件下，与离子交换树脂的结合能力存在差异，通过改变流动相的离子强度或 pH，可将不同蛋白质依次洗脱下来。

（2）凝胶过滤色谱

凝胶过滤色谱分子筛色谱，根据蛋白质分子大小进行分离。凝胶颗粒内部具有多孔网状结构，小分子蛋白质能够进入凝胶孔内，在柱内的停留时间较长；而大分子蛋白质则被排阻在凝胶颗粒外，沿凝胶颗粒间的空隙快速通过色谱柱，从而实现大分子、小分子蛋白质的分离。

（3）亲和色谱

基于蛋白质与配体之间的特异性亲和力，如抗原-抗体、酶-底物、激素-受体等相互作用，将配体偶联到色谱介质上。当含有目标蛋白质的样品通过色谱柱时，目标蛋白质会与配体特异性结合，而其他杂质则直接流出。通过改变洗脱条件，如添加竞争性配体或改变 pH、离子强度等，可将结合的目标蛋白质洗脱下来，达到纯化目的。

3.2.2 仪器操作过程

本教材以 ÄKTA avant 25 蛋白纯化仪为例，介绍蛋白纯化仪上机操作步骤。

（1）准备工作

① 检查仪器设备　确认蛋白质纯化仪各部件连接正常，电源无损坏，管路、检测器等无损坏或泄漏情况。

② 准备缓冲液和样品　根据实验需求，配制合适的缓冲液，如平衡缓冲液、洗脱缓冲液等，并确保其 pH 和离子强度准确。将待纯化的蛋白质样品进行适当处理，如离心、过滤等，去除不溶性杂质。

③ 安装色谱柱　选择合适的色谱柱，按照说明书正确安装到仪器上，并确保连接紧密，无泄漏。

(2) 仪器参数设置

① 流速设置　根据色谱柱的类型和规格，设置合适的流速，一般在 0.5～5mL/min 之间，避免流速过快导致分离效果不佳或损坏色谱柱。

② 检测波长设置　根据目标蛋白质的特征吸收波长，设置检测器的检测波长。例如，蛋白质在 280nm 处有特征吸收峰，可将检测波长设置为 280nm。

③ 梯度洗脱设置　如果采用梯度洗脱方式，设置洗脱缓冲液的浓度梯度和洗脱时间。根据目标蛋白质与杂质的分离情况，合理规划梯度变化，以实现最佳的分离效果。

(3) 平衡色谱柱

使用平衡缓冲液以设定的流速冲洗色谱柱，直至基线稳定，确保色谱柱达到平衡状态。平衡时间根据色谱柱的大小和类型而定，一般需要 30～60min。

(4) 上样

将处理好的蛋白质样品通过进样阀注入色谱柱中，注意进样体积不要超过色谱柱的最大允许进样量。上样后，用少量平衡缓冲液冲洗进样管路，确保样品全部进入色谱柱。

(5) 洗脱和收集

按照设定的洗脱条件进行洗脱，同时通过检测器实时监测洗脱液中蛋白质的浓度变化。根据检测信号，收集含有目标蛋白质的洗脱峰，将收集的样品转移至合适的容器中保存。

(6) 清洗和维护

实验结束后，用适当的清洗缓冲液冲洗色谱柱和仪器管路，去除残留的样品和缓冲液。对于长期不使用的色谱柱，应按照说明书进行保存，如用保存液封存等。

3.2.3 仪器故障维修方法

(1) 故障 1：压力异常

压力监测过程中，在相同实验条件下，压力比平时低 10bar 左右。有以下两种情况需要排查。

① 压力过高　可能是色谱柱堵塞、管路弯折或流速设置过高导致。首先检查管路是否通畅，有无弯折或堵塞；若管路正常，降低流速观察压力是否下降：若压力仍然过高，可能是色谱柱堵塞，可尝试用低浓度的盐溶液或合适的清洗剂进行反向冲洗。

② 压力过低　可能是管路泄漏、泵故障或缓冲液不足引起的。检查管路连接处是否密封良好，有无泄漏；查看泵的工作状态是否正常；及时补充缓冲液。

(2) 故障 2：检测信号异常

① 信号不稳定　可能是检测器光源老化、检测池污染或电路问题导致。检查检测器光源是否正常，若老化需及时更换；清洗检测池，去除污染物；检查电路连接是否牢固，必要时请专业人员进行检修。

② 无信号输出　检查检测器电源是否正常开启，连接线是否松动；确认检测波长设置是否正确；若以上均正常，可能是检测器内部故障，须联系厂家进行维修。

(3) 故障 3：泵故障

① 泵不工作　检查电源是否接通，泵的开关是否打开；查看泵的驱动电机是否损坏，如有损坏需更换电机。

② 泵流速不稳定　可能是泵内有气泡或泵密封件磨损。排除泵内气泡，可通过排气阀进行排气操作；若密封件磨损，需更换密封件。

3.2.4 注意事项

① 严格按照操作规程进行操作　在使用蛋白质纯化仪前，必须认真阅读仪器说明书，熟悉仪器的操作流程和注意事项，避免因操作不当导致仪器损坏或实验失败。

② 注意样品和缓冲液的质量　使用高质量的样品和缓冲液，确保其纯度和浓度符合实验要求。避免使用含有颗粒状杂质的样品，防止堵塞色谱柱和管路。

③ 定期维护和校准仪器　按照仪器的维护周期，定期对仪器进行清洁、保养和校准，确保仪器的性能稳定和检测结果的准确性。

④ 注意色谱柱的使用和保存　不同类型的色谱柱有不同的使用和保存要求，使用前需仔细阅读色谱柱说明书。避免色谱柱干涸，防止凝胶颗粒变性或损坏。

⑤ 实验过程中保持环境稳定　实验环境的温度、湿度等因素可能会影响蛋白质的性质和仪器的性能，应保持实验环境的稳定，避免温度和湿度的剧烈变化。

⑥ 做好个人防护　在处理样品和试剂时，应佩戴适当的个人防护装备，如手套、护目镜等，避免接触有毒有害试剂，确保人身安全。

3.2.5 蛋白质纯化仪的应用案例——ÄKTA avant 25 纯化组氨酸标记（His-tag）重组蛋白

（1）实验目的

利用 ÄKTA avant 25 系统高效、快速地从复杂的生物样品中分离和纯化出带有组氨酸标记（His-tag）的重组蛋白，获得高纯度的目标蛋白，以便用于后续的结构研究、功能分析、抗体制备等各种生物学实验。

（2）实验原理

ÄKTA avant 25 纯化 His-tag 重组蛋白主要基于亲和色谱原理。其介质通常为镍离子（Ni^{2+}）或钴离子（Co^{2+}）等金属离子螯合的琼脂糖凝胶。组氨酸中的咪唑基团能与这些金属离子发生特异性结合，而其他非目标蛋白由于不含有 His - tag 或不能与金属离子特异性结合，在色谱分离过程中会被洗脱下来。通过选择合适的洗脱条件，如逐渐增加咪唑浓度或改变 pH 等，使与金属离子结合的 His-tag 重组蛋白被特异性洗脱，从而实现重组蛋白的分离和纯化。

（3）实验步骤

① 样品准备　在实验室中，采用大肠杆菌表达系统诱导生产带有 His-tag 的 EDA 重组蛋白。首先将诱导后的菌液进行离心，收集菌体，然后用合适的缓冲液重悬菌体，通过超声破碎等方法使细胞裂解，得到含有目标蛋白的粗提液。将细胞裂解后的粗提液高速离心，取上清液作为待纯化样品。确保样品经过 0.45μm 的滤膜过滤，以去除杂质。

② 缓冲液准备　准备至少两种缓冲液，如平衡缓冲液（如含有 50mmol/L Tris-HCl、150mmol/L NaCl，pH7.5 的缓冲液）和洗脱缓冲液（在平衡缓冲液的基础上，添加不同浓度的咪唑，如 200mmol/L 咪唑）。缓冲液需过滤并超声脱气 10min。

③ 色谱柱选择　根据目标蛋白的特性，选择合适的亲和色谱柱，如镍离子亲和色谱柱，将其正确连接到 ÄKTA avant 25 系统上。

④ 开启系统　打开 ÄKTA avant 25 主机及电脑上的 UNICORN 控制软件，等待系统自检完成。

⑤ 设置流速　根据色谱柱的要求和样品的性质，设置合适的流速，一般初始流速可设为 0.5～1mL/min，后续可根据情况进行调整。例如，对于一些小分子蛋白或容易结合的蛋白，流速可以适当提高；对于大分子蛋白或结合较弱的蛋白，流速则宜降低。

⑥ 平衡柱子　用平衡缓冲液冲洗色谱柱，使柱子达到平衡状态。通过监测系统的 UV 吸收值、电导率等参数，判断柱子是否平衡。通常需要冲洗至 UV 吸收值稳定且电导率与平衡缓冲液的电导率一致。

⑦ 上样　将样品加入样品环或样品泵。根据样品的体积和浓度，选择合适的上样方式。如果样品体积较小，可以使用样品环上样；如果样品体积较大，则可使用样品泵直接上样。

⑧ 启动上样程序　在 UNICORN 软件中设置上样参数，如样品体积、上样流速等，然后开始上样。上样过程中，系统会自动监测 UV 吸收值的变化，当 UV 吸收值升高时，表明样品已开始进入色谱柱。

⑨ 设置洗脱梯度　根据目标蛋白与色谱柱填料的结合特性，设置洗脱梯度。对于 His-tag 蛋白的镍离子亲和色谱，通常采用咪唑浓度梯度洗脱。例如，从低浓度的咪唑（如 5～10mmol/L）开始，逐渐增加咪唑浓度，直到目标蛋白被洗脱下来。洗脱梯度可以是线性的，也可以是阶梯式的，具体取决于蛋白的洗脱特性。

⑩ 开始洗脱　启动洗脱程序，系统会按照设定的洗脱梯度，自动混合平衡缓冲液和洗脱缓冲液，对色谱柱进行洗脱。在洗脱过程中，密切监测 UV 吸收值的变化，当出现洗脱峰时，表明目标蛋白正在被洗脱下来。

⑪ 设置收集参数　在 UNICORN 软件中设置收集参数，如收集时间、收集体积或根据 UV 吸收峰进行自动收集。一般可以设置在 UV 吸收峰的上升沿和下降沿之间进行收集，以确保收集到纯度较高的目标蛋白。

⑫ 收集样品　系统会根据设置的参数，自动将洗脱下来的目标蛋白收集到相应的收集管或深孔板中。收集过程中，注意及时更换收集管或深孔板，避免样品溢出。

⑬ 清洗柱子　纯化结束后，用适当的清洗缓冲液（如含有高浓度盐或有机溶剂的缓冲液）清洗色谱柱，去除残留的蛋白和杂质。然后再用保存缓冲液（如含有 0.02%叠氮化钠的缓冲液）保存柱子，将柱子保存在 4℃冰箱中，以备下次使用。

⑭ 保存样品　将收集到的目标蛋白样品进行浓缩、冻干或添加适当的保护剂后，保存在－20℃或－80℃冰箱中，以便后续的分析和使用。

（4）蛋白纯化结果分析

带有 His-tag 标签的 EDA 重组蛋白的纯化结果如图 3-4 所示。峰 1—7：这些峰相对较小且较为密集，可能代表样品中的一些杂质蛋白或非目标蛋白。它们在较早的洗脱体积下被洗脱下来，说明这些成分与色谱介质的结合相对较弱。峰 19：图中有一个明显较高的主峰 19，这是目标蛋白的洗脱峰。其吸光度较高，表明该峰对应的洗脱液中目标蛋白的浓度较高。主峰的位置（洗脱体积）可以用于确定目标蛋白的洗脱条件，这对于后续的纯化工艺优化非常重要。

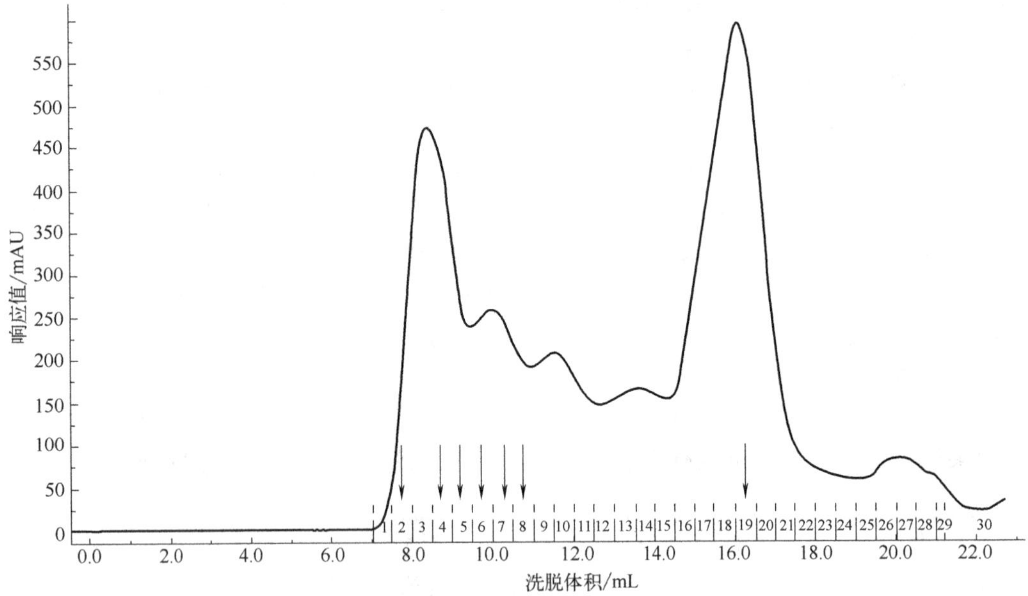

图 3-4 EDA 重组蛋白纯化的色谱图

3.2.6 练习题

（1）选择题

① 蛋白质纯化仪主要基于蛋白质的（　　）差异实现分离。

A. 物理性质　　B. 化学性质　　C. 生物学性质　　D. 以上都是

② 离子交换色谱是利用蛋白质与离子交换树脂之间的（　　）进行分离。

A. 疏水作用　　B. 静电相互作用　　C. 氢键作用　　D. 范德华力

③ 凝胶过滤色谱根据蛋白质的（　　）进行分离。

A. 电荷　　B. 大小　　C. 溶解度　　D. 等电点

④ 在蛋白质纯化仪上机操作前，不需要进行的准备工作是（　　）。

A. 检查仪器设备　　B. 准备样品和缓冲液

C. 安装色谱柱　　D. 清洗检测池

⑤ 蛋白质纯化仪压力过高，可能的原因不包括（　　）。

A. 色谱柱堵塞　　B. 管路弯折　　C. 流速过低　　D. 缓冲液浓度过高

⑥ 蛋白质纯化仪检测信号不稳定，可能的原因是（　　）。

A. 检测器光源老化　　B. 检测池污染　　C. 电路问题　　D. 以上都是

⑦ 为保证蛋白质纯化仪的检测结果准确，需要定期进行（　　）。

A. 清洁　　B. 保养　　C. 校准　　D. 以上都是

⑧ 以下（　　）可能会损坏蛋白质纯化仪的色谱柱。

A. 按照说明书正确安装色谱柱　　B. 使用含有颗粒状杂质的样品

C. 定期用合适的清洗缓冲液清洗色谱柱　　D. 避免色谱柱干涸

⑨ 在蛋白质纯化实验中，设置检测波长为 280nm，是因为蛋白质在该波长处有（　　）。

A. 特征吸收峰　　B. 发射峰　　C. 散射峰　　D. 折射峰

⑩ 蛋白质纯化仪的应用场景不包括（　　）。

A. 生命科学研究　　B. 机械制造　　C. 生物医药开发　　D. 临床诊断

（2）判断题

① 蛋白质纯化仪使用前须对色谱柱进行平衡，确保实验结果的准确性。（　　）

② 蛋白质纯化过程中，更换不同类型的缓冲液不需要对系统进行清洗。（　　）

③ 蛋白质纯化仪运行时，可以随意打开仪器防护罩进行操作。（　　）

④ 为了提高纯化效率，样品上样量可以超过色谱柱的最大承载量。（　　）

⑤ 蛋白质纯化仪使用的蠕动泵需要定期进行校准，以保证流速的准确性。（　　）

（3）讨论题

当使用蛋白质纯化仪处理含有较多杂质的粗提样品时，为防止色谱柱堵塞，需要采取哪些预处理措施？

3.3 实验 16：超高速离心机实验

超速离心机是一种利用高速旋转产生的强大离心力对样品进行分离、纯化和分析的精密仪器，其应用领域广泛，涵盖生命科学、医学、材料科学等多个学科：分离 DNA、RNA、蛋白质、脂蛋白等，如质粒 DNA 提取、核糖体纯化；通过密度梯度离心（density gradient centrifugation）（如蔗糖梯度或氯化铯梯度）分析分子质量、沉降系数（如 S 值测定）；纯化病毒颗粒（如 HIV、流感病毒），研究病毒结构与感染机制；分离细胞器（线粒体、溶酶体、微粒体等），用于细胞生物学研究。

3.3.1 仪器工作原理

其核心原理基于离心力场和颗粒的沉降行为（sedimentation），具体工作原理如下。

离心力（F_c）：当转子高速旋转时，样品中的颗粒受到离心力的作用。

其大小由以下公式决定：

$$F_c=m\omega^2 r$$

式中，m 为颗粒质量；ω 为角速度（与转速 n 相关，$\omega=2\pi n/60$）；r 为颗粒到旋转轴的距离（半径）。

实际应用中常用相对离心力（RCF，单位为 $\times g$）：

$$\text{RCF}=1.118\times10^{-5}\times rn^2$$

超速离心机的 RCF 可达 $100000\times g\sim1000000\times g$。

超速离心机主要通过以下两种方式实现分离。

（1）差速离心（differential centrifugation）

原理：利用不同颗粒的沉降速度差异，通过逐步增加离心力或时间，分步分离大小或密度差异较大的组分（如细胞器、病毒等）。

特点：操作简单，但分辨率较低，可能产生交叉污染。

常用于初步分离（如先低速去除细胞碎片，再高速沉淀线粒体）。

（2）密度梯度离心（density gradient centrifugation）

原理：在离心管中预先铺设密度梯度介质（如蔗糖、氯化铯、碘克沙醇），样品中的颗粒在离心过程中迁移至与其自身密度相等的介质位置（等密度区），形成分离条带。

速率区带（rate-zonal）离心：按颗粒的沉降系数（*S* 值）分离（如 RNA、蛋白质亚基）。

等密度（Isopycnic）离心：按颗粒的密度分离（如质粒 DNA、病毒纯化）。特点：分辨率高，可分离密度相近的颗粒。需优化梯度介质和离心条件。

3.3.2 仪器操作步骤

本教材以贝克曼库尔特公司的 Optima MAX Ultracentrifuge（最大转速 130000 r/min，最大 RCF 为 1019000×g）超速离心机为例（图 3-5 和图 3-6），详细操作步骤如下。

图 3-5 超速离心机

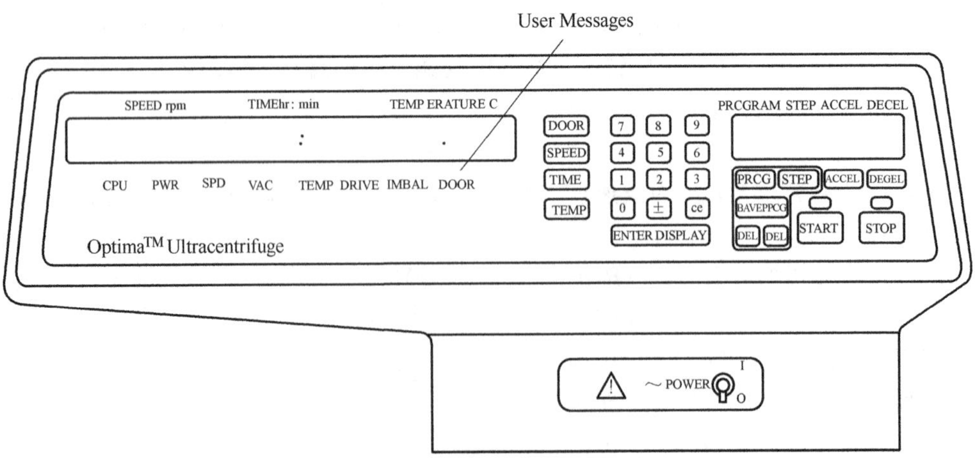

图 3-6 超速离心机控制面板

① 打开电源开关，随后按下“DOOR”按钮，打开离心舱门。

② 按需放置转子（角转子或者水平转子），然后关上离心舱门。

③ 待指示仪表上“VAC”灯熄灭后按下“SPEED”按钮，进行离心转速设置（本机所配水平转子（MLS-50）转速区间为5000～50000r/min；角转子（MLA-130）转速区间为5000～130000r/min），按下“TEMP”进行温度设置，区间为0～40℃，按下“TIME”进行时间设置，最大时间为99小时59分。

④ 检查方案参数无误且确保舱门关闭后，按下“ENTER/DISPLAY”，随后按下“START”开始离心。

⑤ 若想提前结束进程，按下“STOP”，等待转速为0后按下“DOOR”打开离心舱门，取走转子。也可等待进程完全结束后，机器自动降速至0后按下“DOOR”打开离心舱门，取走转子。

3.3.3 仪器故障维修方法

①“PWR”灯闪烁　离心过程中由于特殊原因断电。

解决方法：不要打开离心舱门，及时恢复供电，通电后，按下“STOP”按键，等待转速降至0即可。

②“SPD”灯闪烁　离心舱内无转子；高速运转时转子不平衡；转子超速；运行时产生错误的速度信号。解决方法：无论是哪种原因，机器首先会自动减速至0，然后经过至少20min的自检以确保舱内转子完全停止，随后才能打开舱门（切勿强行开门）。

按以下几个方面排除故障：转子是否已正确安装；仪器是否放置在水平表面上（如果仪器不水平或在操作过程中移动，则可能导致高速运转时不平衡）；所用转子的设定速度是否正确；转子负载是否在限定范围内；转子底部的磁铁是否损坏。

③“VAC”灯闪烁　离心舱内真空度损失，当舱内压强大于66.5Pa（500μmHg）时，此灯会闪烁，随后转子速度会减速至5000r/min或停止。

解决方法：待转子停止后，应打开舱门检查O形圈损坏情况，及时吸去其周围水分，外加涂抹真空硅脂，以确保离心舱的密封性。

④“TEMP”灯闪烁　机器运行过程中转子温度过高或失控（长时间超出设定温度）。

解决方法：待转子速度降至0后，按“ce”清除报警灯；若该灯一直闪烁，请联系工程师处理。

⑤“DRIVE”灯闪烁　传动装置过热。

解决方法：待转子速度降至0后，拆下机器侧面挡板，清洗风扇；若该灯继续闪烁，请联系工程师处理。

⑥“IMBAL”灯闪烁　低速时转子不平衡。

解决方法：确认机器是否放置在水平台面上，转子是否固定在转轴上，转子内各离心管是否配平且对称放置。

3.3.4 注意事项

① 为使真空系统性能达到最佳水平，请经常检查O形圈完整程度并保持清洁、干燥。

② 因本仪器为超速离心机，所以在样品配平过程中，差值应≤0.05g。

③ 在仪器运转过程中，若出现任何异响，请立即按下“STOP”按钮，切勿关闭电源。

④ 长时间未使用后再次使用时，请在离心舱门处涂抹真空硅脂，转轴处也应该涂抹专用润滑剂。

3.3.5 超速离心机应用案例

以蔗糖密度梯度离心分离葛仙米类囊体膜复合物实验为例。

(1) 实验目的

掌握葛仙米类囊体膜的提取方法；掌握蔗糖密度梯度离心分离类囊体膜复合物的方法；掌握超速离心机的使用。

(2) 实验原理

将用 DM（十二烷基麦芽糖苷）溶解后的类囊体膜平铺在不同线性浓度（5%～40%）的蔗糖溶液上进行超速离心（离心力为 180000×g），由于类囊体膜中各组分（PSⅠ、PSⅡ、PC 等）的沉降系数（S）不一致，因此它们在经过长时间（>12h）的离心后，会分别停留在不同浓度的蔗糖层，从而达到分离的目的。

(3) 实验步骤

① 称取 1g（湿重）葛仙米样本，于研钵中加入液氮研磨至灰色粉末。

② 向研钵中加入 10mL 提取缓冲液，转移至 10mL 离心管中，重悬粉末。低速离心（2000×g，10min）后弃去沉淀。

③ 将②中上清液分装至亚克力管中，随后进行超速离心（300000×g，30min），离心结束后去掉上清液，向沉淀中加入 100μL2% DM，反复吸打直至溶解。

④ 使用梯度混合仪制备蔗糖密度梯度（5%～40%）。

⑤ 将③中所得溶解后的样品平铺在蔗糖密度梯度上，随后进行离心（180000×g，16h）。

(4) 结果展示

葛仙米类囊体膜复合物蔗糖密度梯度超速离心结果见图 3-7。

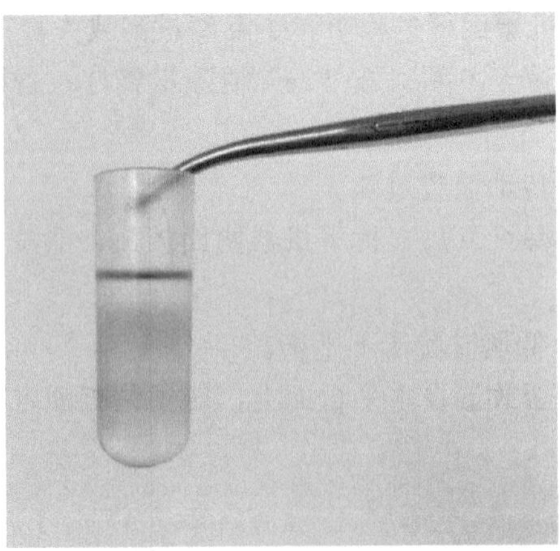

图 3-7　葛仙米类囊体膜复合物蔗糖密度梯度超速离心

3.3.6 练习题

(1) 选择题

① 蔗糖密度梯度离心可用于（　　）。

A. 分离大小相同但密度不同的颗粒　　B. 分离密度相近但大小不同的颗粒

C. 直接测定蛋白质分子质量　　D. 仅用于 DNA 纯化

② 超速离心机的转速范围通常是（　　）。

A. 1000～10000r/min　　B. 10000～30000r/min

C. 30000～100000r/min　　D. 100000～200000r/min

③ 差速离心法的主要依据是（　　）。

A. 颗粒密度的差异　　B. 颗粒大小和密度的差异

C. 颗粒电荷的差异　　D. 颗粒溶解度的差异

④ 超速离心机使用时必须注意（　　）。

A. 转子无须平衡直接启动　　B. 样品需对称平衡并匹配离心管重量

C. 可随意打开运行中的离心机盖　　D. 无须预冷转子

⑤ 分析型超速离心机的主要功能是（　　）。

A. 仅用于制备大量样品　　B. 实时监测沉降过程并分析分子特性

C. 替代普通离心机　　D. 仅用于病毒分离

(2) 判断题

① 超速离心机可在普通实验台上直接使用。（　　）

② 密度梯度离心时，颗粒的沉降速度仅取决于其大小。（　　）

③ 差速离心通过多次离心逐步提高转速，可分离出纯度高的单一组分。（　　）

④ 分析型超速离心机能直接测定蛋白质的分子质量和纯度。（　　）

(3) 讨论题

① 超速离心机的转速通常达到多少，其分离物质的主要依据是什么？

② 一台超速离心机的水平转子半径为 10cm，转速为 60000r/min，计算离心管底部样品所受相对离心力（RCF，以$\times g$ 表示）。

③ 简述超速离心机在生物化学中的两种应用，并说明其优势。

④ 比较差速离心与密度梯度离心的异同。

⑤ 超速离心机运行时发出异常噪声，可能的原因有哪些？如何排除？

3.4 实验 17：蛋白质电泳实验

蛋白质电泳（protein electrophoresis）是一种基于蛋白质的分子质量、电荷或等电点在电场中迁移速率差异而实现分离与分析的技术，广泛应用于蛋白质纯度检测、分子质量测定、表达水平分析及疾病诊断等领域。蛋白质电泳通过电场驱动蛋白质在凝胶中的迁移实现分离，其核心组成包括：电泳槽与电源（提供电场环境）、凝胶与缓冲液（按分子量或电荷筛选蛋白质）、样品加载系统（上样孔与变性试剂）、染色成像模块（标记并捕获条带）及数据分析软件（定量与分子质量判定），具备高效分离、灵敏检测的特点，是蛋白质研究的基础工具。

3.4.1 仪器工作原理

蛋白质电泳的基本原理是：SDS结合蛋白质使其带均匀负电荷，掩盖天然电荷差异。聚丙烯酰胺凝胶通过孔径大小差异，按分子量分离蛋白质，小分子迁移快。直流电场下，蛋白质向阳极迁移，迁移距离与分子质量对数成反比。考马斯亮蓝或银染标记蛋白质条带，成像系统定量分析灰度值。

3.4.2 仪器操作过程

本教材以Bio-Rad公司蛋白质电泳仪为例，介绍蛋白质电泳仪操作步骤。

样品处理：30μL样品（GST流穿液、洗涤液、洗脱液、超声上清），10μL 4×SDS（点样10μL），封口膜封口后煮沸10min。

（1）制胶

① 分离胶（15%） 按照表3-2中的剂量混合试剂（过硫酸铵和TEMED最后加入）。

表3-2 分离胶混合液配比

溶液	剂量/mL
ddH_2O	1.1
30%丙烯酰胺	2.5
1.5mol/L Tris-HCl(pH8.0)	1.3
10%SDS	0.05
100g/mL过硫酸铵(现配现用)	0.05
TEMED	0.002

组装玻璃板（图3-8），所有试剂加入小烧杯后轻轻晃动使之混匀，快速加入两玻璃板之间的间隙中，再于胶液面上小心注入一层无水乙醇，待分离胶完全聚合后倒去无水乙醇并用滤纸吸干。

图3-8 组装玻璃板

② 浓缩胶（5%） 按照表 3-3 中的剂量混合试剂。

表 3-3 浓缩胶混合液配比

溶液	剂量/μL
ddH_2O	680
30%丙烯酰胺	170
1.5mol/L Tris-HCl(pH8.0)	130
10%SDS	10
100g/mL 过硫酸铵(现配现用)	10
TEMED	1

所有试剂加入小烧杯后轻轻晃动使之混匀，快速加入两玻璃板之间的间隙中，直至距短玻璃上缘约 5mm 处，插入梳子，待分离胶完全聚合后将凝胶固定于电极槽中，倒入电泳缓冲液，确保无渗漏后拔出梳子（图 3-9）。

图 3-9 凝胶聚合

（2）点样

每个槽加入 10μL 待测样品，留一孔加入蛋白质分子质量标准品（Marker）。

（3）电泳

设定仪器先恒压 80V 约 20min，直至样品进入分离胶后设置仪器恒压 180V 约 45min，直至溴酚蓝到达距离底部 1cm 处。

（4）染色

凝胶浸入考马斯亮蓝 R-250 染色液，振荡染色 1h。

（5）脱色

用甲醇∶冰乙酸∶水＝3∶1∶6 的脱色液振荡脱色，更换 2～3 次至背景透明（约 12h）。

（6）照胶

将凝胶放入成像系统，选择白光模式拍摄，用 Image Lab 软件分析条带位置及灰度值。

3.4.3 仪器故障维修方法

（1）凝胶聚合失败

原因：丙烯酰胺或交联剂（APS/TEMED）失效；温度过低（<20℃）。

解决方法：现配 APS（10%过硫酸铵）及 TEMED；制胶环境温度保持 25℃；按比例精确配制凝胶溶液。

（2）电泳槽漏液

原因：玻璃板未对齐或密封垫圈老化；电泳槽螺丝未拧紧。

解决方法：重新组装玻璃板，更换密封垫圈；均匀拧紧电泳槽螺丝，确保无缝隙。

（3）条带拖尾或弥散

原因：蛋白质变性不彻底（SDS 或 β-巯基乙醇不足）；电泳缓冲液离子强度不足；电压过高导致设备过热。

解决方法：样品煮沸时间延长至 10min；更换新鲜缓冲液；降低电压至 80～120V。

（4）Marker 条带模糊/缺失

原因：Marker 蛋白降解；上样量不足；电泳时间过长（小分子蛋白跑出凝胶）。

解决方法：使用新鲜分装的 Marker；增加上样量；监控溴酚蓝迁移位置，及时停止电泳。

（5）染色背景过深

原因：脱色时间不足；脱色液重复使用次数过多；凝胶未完全聚合即染色。

解决方法：脱色过夜（12～16h）；每 2h 更换脱色液；制胶后静置 1h 再染色。

（6）电泳速度异常

原因：电压不稳定（电源故障）；缓冲液 pH 偏离（正常 pH 为 8.3～8.8）；凝胶浓度与目标蛋白不匹配。

解决方法：检查电源连接及输出；校准缓冲液 pH；选择合适凝胶浓度（如 12%分离胶用于 10～200kDa 蛋白）。

（7）成像条带不清晰

原因：染色不充分（时间<1h）；成像仪焦距未调准；凝胶干燥或破裂。

解决：重新染色并延长至 2h；调整成像系统焦距；保存凝胶于湿润环境中。

3.4.4 注意事项

（1）安全防护

① 丙烯酰胺为神经毒素，须戴手套操作，避免皮肤接触和吸入粉尘。

② 电泳过程中盖好电源盖，防止触电。

（2）制胶关键

① APS 和 TEMED 需现配现用，低温环境可适当增加 TEMED 用量，加速聚合。

② 为了避免凝胶中出现气泡，可轻敲玻璃板排出气泡，否则会导致条带扭曲。

（3）电泳优化

① 若条带拖尾，可能是上样量过大或凝胶聚合不完全，需减少上样量或延长聚合时间。

② 低电压（80V）确保样品浓缩，高电压（180V）提高分离效率，但电压过高可能导致凝胶发热变形。

（4）耗材要求

① 玻璃板需彻底清洁，可用乙醇擦拭去除油脂，避免凝胶粘连。

② 电泳缓冲液可重复使用 2～3 次，若变浑浊须更换。

3.4.5 蛋白质电泳仪实验案例

（1）实验目的

通过蛋白质电泳实验，比较分析重组菌和对照菌中蛋白质表达条带差异性，从差异性条带中分析目标蛋白表达情况。

（2）实验原理

在电场中，蛋白质带负电荷，蛋白质从阴极向阳极迁移。分子质量越小，迁移速度越快，从而根据蛋白质分子质量大小不同进行分离。根据蛋白质条带位置不同，判断重组蛋白质表达情况。与标准分子质量的参考对照蛋白质进行比较，从而确定目标蛋白质的分子质量。

（3）实验步骤

分别挑取 pGEX-4T-1-OTA/ BL21、pGEX-4T-1/BL21 单菌落，接种于 15mL LB-Amp^r 液体培养基中，180r/min，37℃培养 12h。次日，按照培养基体积的 1%接种量，把菌液加入 100mL LB 液体培养基，在 37℃下，250r/min 培养至 A_{600} 为 0.6～0.8，然后，加入终浓度为 1mmol/L 的 IPTG，20℃ 诱导表达 8h。将 pGEX-4T-1-OTA/BL21 和 pGEX-4T-1/BL21 菌液分别离心，收集上清，沉淀用 PBS 重悬，再取部分重悬菌液超声处理，离心，收集上清，用 PBS 重悬沉淀；将两次收集到的上清和重悬缓冲液取分别为 150μL 与 50μL 的 SDS-PAGE 上样缓冲液混合，沸水浴 10min，进行 SDS-PAGE 电泳检测。

（4）实验结果

SDS-PAGE 分析结果如图 3-10 所示，融合蛋白分子质量约为 41kDa。通过对比发现，只在泳道 2 和泳道 5 中存在融合蛋白的条带，即融合蛋白存在于重组菌液离心后的沉淀和超声离心后的上清液中。从泳道 6 可以看出，重组菌液超声离心后的沉淀中只含有少量融合蛋白，说明重组蛋白大部分实现了可溶性表达。

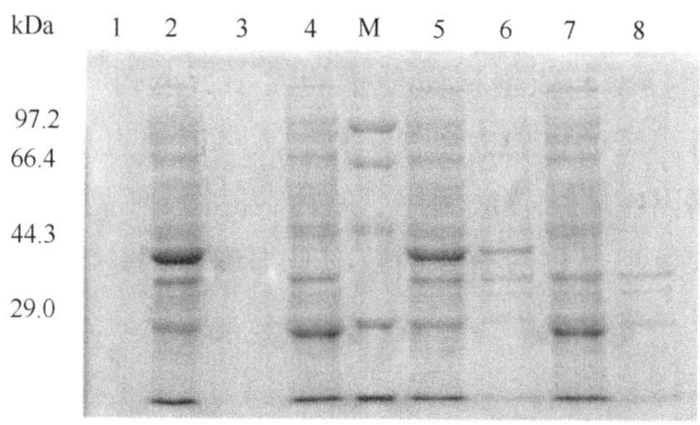

图 3-10 融合蛋白表达情况鉴定的 SDS-PAGE 电泳

M—Protein Marker (low)；1—菌液上清（pGEX-4T-1-OTA/BL21）；2—菌液沉淀（pGEX-4T-1-OTA/BL21）；3—菌液上清（pGEX-4T-1/BL21）；4—菌液沉淀（pGEX-4T-1/BL21）；5—超声上清（pGEX-4T-1-OTA/BL21）；6—超声沉淀（pGEX-4T-1-OTA/BL21）；7—超声上清（pGEX-4T-1/BL21）；8—超声沉淀（pGEX-4T-1/BL21）。

3.4.6 练习题

（1）选择题

① SDS-PAGE 中，迁移速率最快的蛋白质是（　　）。

A. 分子质量 10kDa　　B. 分子质量 50kDa

C. 分子质量 100kDa　　D. 分子质量 150kDa

② SDS-PAGE 中，SDS 的作用是（　）。

A. 增加蛋白质溶解度　　B. 赋予蛋白质均匀负电荷

C. 保护蛋白质不被降解　　D. 加速凝胶聚合

③ 考马斯亮蓝染色的原理是（　）。

A. 与蛋白质氨基结合显色

B. 与蛋白质羧基结合显色

C. 与蛋白质肽键结合显色

D. 与 DNA 结合显色

（2）判断题

① 蛋白质电泳中，分子质量越大的蛋白在凝胶中迁移距离越长。（　）

② 制胶时，TEMED 的作用是调节缓冲液 pH。（　）

③ 电泳缓冲液中 SDS 的作用是维持蛋白质电荷均一性。（　）

（3）讨论题

在 SDS-PAGE 电泳实验中，样品煮沸变性处理后，若立即上样发现条带出现拖尾、模糊现象，而相同样品放置冷却后上样结果正常。请分析可能导致这种差异的原因，并提出避免此类问题的实验改进措施。

3.5 实验 18：核酸电泳仪实验

核酸电泳仪是生命科学领域研究核酸分子的重要工具，在基因工程、分子生物学等实验中广泛应用。它通过电泳技术，依据核酸分子的大小、电荷等特性，实现对 DNA、RNA 等核酸样品的分离与分析。借助核酸电泳仪，科研人员能够直观观察核酸片段的完整性、纯度以及分子量大小，为基因克隆、核酸测序、基因表达分析等实验提供关键数据支持。其操作简便、结果直观，可有效提高核酸研究的效率与准确性，是实验室开展核酸相关研究不可或缺的基础设备。

3.5.1 仪器工作原理

核酸电泳仪的工作基于电泳现象和核酸分子的特性。核酸分子是带有负电荷的生物大分子，在电场作用下会向正极移动。在电泳过程中，核酸样品被置于凝胶介质（如琼脂糖凝胶或聚丙烯酰胺凝胶）中，凝胶具有分子筛效应，不同大小的核酸分子在凝胶中迁移的速率不同。分子质量较小的核酸片段在凝胶孔隙中移动阻力小，迁移速度快；分子质量较大的核酸片段则迁移速度慢。经过一定时间的电泳，不同大小的核酸分子在凝胶中按分子质量大小形成不同条带，通过染色（如溴化乙锭染色）使核酸条带在紫外光下显色，从而实现对核酸样品的分离和观察。

3.5.2 仪器操作过程

本教材以六一××公司核酸电泳仪为例，介绍核酸电泳仪的操作过程。

① 准备合适浓度的凝胶　根据实验需求选择琼脂糖，称取适量琼脂糖粉末，加入电泳缓冲液，加热溶解后冷却至合适温度，倒入制胶模具，插入样品梳，待凝胶凝固。

② 准备核酸样品　将核酸样品与适量的上样缓冲液混合均匀。

③ 向电泳槽中加入适量的电泳缓冲液，液面需覆盖凝胶。

④ 小心拔出样品梳，将混合好的核酸样品用微量移液器缓慢加入凝胶的样品孔中。

⑤ 将电泳槽与电源连接，设置合适的电压和电泳时间。一般情况下，琼脂糖凝胶电泳电场强度为5～10V/cm，电压根据凝胶长度而定，电泳时间根据核酸片段大小而定，通常为30min至数小时。启动电源，开始电泳。

⑥ 电泳结束后，取出凝胶，放入染色液中染色（如使用溴化乙锭染色需避光操作）。染色完成后，将凝胶置于核酸电泳成像系统中，在紫外光下观察并拍摄核酸条带图像。

3.5.3 仪器故障维修方法

① 电泳速度异常　检查电泳缓冲液是否失效或浓度不准确，及时更换新鲜缓冲液；查看电源输出电压是否稳定，若不稳定需联系专业人员检修电源。

② 核酸条带模糊　检查凝胶浓度是否合适，重新配制符合要求的凝胶；确认上样量是否过大，适当减少上样量；检查电泳温度是否过高，可在低温环境下进行电泳或使用冷却装置。

③ 电泳槽漏液　检查电泳槽密封胶圈是否老化或损坏，更换新的密封胶圈；查看电泳槽是否有裂缝，若有裂缝需及时更换电泳槽。

④ 电源无法启动　检查电源插头是否插好，电源线是否损坏；查看电源开关是否正常，若开关损坏则需更换；检查保险丝是否熔断，若熔断则更换相同规格的保险丝。

3.5.4 注意事项

① 溴化乙锭是强诱变剂且有致癌性，操作时须戴手套，使用后的染色液和凝胶要进行专门处理，不可随意丢弃。

② 电泳过程中不要随意打开电泳槽盖，避免触电风险，同时防止缓冲液溅出。

③ 不同类型的核酸电泳仪和不同实验要求对电压、时间等参数的设置不同，需严格按照仪器说明书和实验方案进行设置，避免因参数设置不当导致实验失败。

④ 凝胶加热溶解时要使用合适的容器，并在通风良好的环境下操作，防止凝胶溶液溅出伤人。

⑤ 微量移液器使用后要及时调回最大量程，避免长时间处于小量程导致移液器损坏。

3.5.5 核酸电泳仪实验案例——PCR扩增产物的鉴定

（1）实验目的

验证PCR扩增是否成功，判断是否获得目标DNA片段，通过琼脂糖凝胶电泳分析

PCR 产物的大小和纯度，排除非特异性扩增或引物二聚体等异常结果。掌握核酸电泳技术在分子生物学实验中的应用。

(2) 实验原理

PCR 扩增产物的鉴定基于琼脂糖凝胶电泳技术，其原理如下。

电荷特性：DNA 分子带负电荷，在电场中向正极迁移。

分子筛效应：琼脂糖凝胶形成多孔网状结构，不同大小的 DNA 片段迁移速率不同——小片段迁移快，大片段迁移慢。

染色与成像：凝胶中加入溴化乙锭（EB）或 SYBR Green 等染料，可嵌入 DNA 双链，在紫外光下发出荧光，从而观察 DNA 条带的位置和亮度。通过与已知分子质量的 DNA Marker 对比，可确定 PCR 产物的大小是否与预期一致，通过条带清晰度和数量评估产物纯度。

(3) 实验步骤

① PCR 产物前处理　取 PCR 扩增产物 5μL→加入 1μL6×上样缓冲液，充分混匀。

② 准备 DNA Marker 5μL，用于后续电泳分子质量参照。

③ 琼脂糖凝胶制备　称取琼脂糖 1g→加入 100mL 1×TAE 电泳缓冲液，置于三角烧瓶。微波炉加热（每隔 10～15s 取出振荡）至琼脂糖完全溶解，溶液澄清无颗粒。待溶液冷却至 50～60℃，加入 5μL 溴化乙锭（终浓度 0.5μg/mL），轻轻摇匀，避免产生气泡。将制胶模具水平放置，插入梳子，缓慢倒入琼脂糖溶液，凝胶厚度为 3～5mm，静置 30～60min 至完全凝固。

④ 电泳操作流程　凝胶完全凝固后，小心拔出梳子，将凝胶放入电泳槽，加入 1×TAE 电泳缓冲液，使液面没过凝胶 1～2mm。用移液器依次吸取混合好的 PCR 产物和 DNA Marker，缓慢加入凝胶加样孔，避免产生气泡和样品溢出。连接核酸电泳仪电源，设置电压为 80～100V（凝胶长度 10cm，对应 5～10V/cm），电泳时间 40min。

(4) 结果观察与分析

电泳结束，关闭电源，取出凝胶，放入紫外凝胶成像系统。在紫外光激发下，拍摄凝胶图像（图 3-11）。参照 DNA Marker 条带，判断 PCR 产物条带位置与预期片段大小是否相符。条带位置正确且单一，表明 PCR 扩增成功。若条带位置不符、出现多条非特异性条带或无条带，需优化 PCR 条件（如调整引物浓度、退火温度等）。

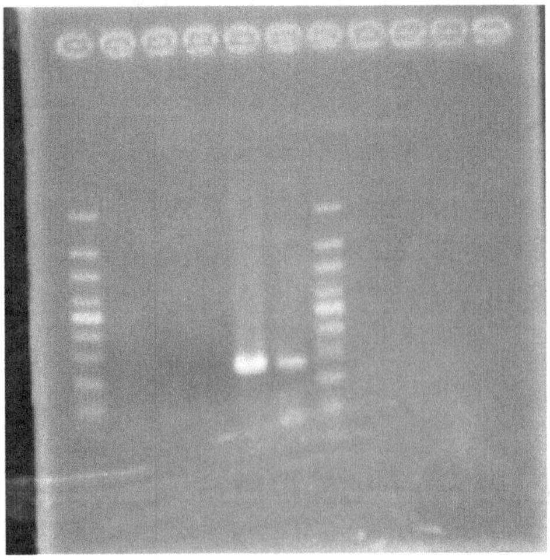

图 3-11　PCR 扩增产物紫外凝胶成像

3.5.6 练习题

（1）选择题

① 核酸电泳中，核酸分子向电泳槽的（　　）移动。

A. 正极　　B. 负极　　C. 两极均可　　D. 不移动

② 琼脂糖凝胶电泳中，常用的染色剂是（　　）。

A. 考马斯亮蓝　　B. 甲基绿　　C. 溴化乙锭　　D. 刚果红

③ 核酸电泳时，决定核酸分子迁移速率的主要因素是（　　）。

A. 核酸分子的电荷数　　B. 核酸分子的大小

C. 电泳缓冲液的 pH　　D. 电泳电压

④ 配制琼脂糖凝胶时，琼脂糖与电泳缓冲液的混合方式是（　　）。

A. 直接混合　　B. 加热溶解　　C. 超声溶解　　D. 搅拌溶解

⑤ 核酸电泳仪的电场强度一般为（　　）。

A. 1～5V/cm　　B. 5～10V/cm　　C. 10～15V/cm　　D. 15～20V/cm

⑥ 以下（　　）常用于核酸电泳。

A. 淀粉凝胶　　B. 琼脂糖凝胶　　C. 硅胶凝胶　　D. 葡聚糖凝胶

⑦ 核酸电泳过程中，若上样量过大，会导致（　　）。

A. 条带清晰　　B. 条带模糊　　C. 电泳速度加快　　D. 电泳速度减慢

⑧ 核酸电泳结束后，染色的目的是（　　）。

A. 固定核酸　　B. 使核酸显色　　C. 保护核酸　　D. 加速核酸迁移

⑨ 电泳缓冲液失效可能导致（　　）。

A. 电泳速度正常　　B. 电泳速度加快

C. 电泳速度减慢　　D. 无影响

⑩ 核酸电泳时，为避免触电，应（　　）。

A. 随意打开电泳槽盖　　B. 电泳过程中不打开电泳槽盖

C. 用手触摸电极　　D. 以上都不对

（2）判断题

① 核酸分子在电泳过程中，分子质量越大迁移速度越快。（　　）

② 溴化乙锭无毒无害，使用时无须特殊防护。（　　）

③ 核酸电泳仪的电压设置越高，电泳效果越好。（　　）

④ 配制好的凝胶可以长时间放置后再使用，不影响实验结果。（　　）

⑤ 核酸电泳时，加入的上样缓冲液仅起指示作用，无其他功能。（　　）

（3）讨论题

核酸电泳过程中，常常会出现核酸条带异常的情况，如条带拖尾、条带缺失、条带变形等。请分析导致这些异常现象的可能原因，并针对每种异常情况提出具体的解决措施。同时，结合实际操作经验，谈谈在实验过程中如何有效避免这些问题的发生，以确保核酸电泳实验结果的准确性和可靠性。

第4章

成像类大型仪器实验

教学目标：掌握成像类大型仪器的操作方法、使用注意事项、故障维修方法、应用范围、实际样品检测的前处理方法和数据处理方法。了解仪器工作原理和国内外同类仪器发展概况。

本章学习重点：成像类大型仪器的操作方法、应用范围和数据处理方法。

4.1 实验 19：凝胶成像仪实验

化学发光凝胶成像系统是一种用于检测和分析凝胶中化学发光信号的专业设备，其工作原理基于化学发光反应与光学成像技术的结合。在化学发光反应中，样品中的目标物质（如蛋白质、核酸等）与特定的标记物结合，这些标记物通常是能够发生化学反应并产生光信号的物质。例如，在 Western blot 实验中，通常使用辣根过氧化物酶（HRP）标记的二抗，HRP 可以催化底物（如鲁米诺及其衍生物）发生氧化反应，在反应过程中释放出光子，从而产生化学发光。

4.1.1 仪器工作原理

在光学成像部分，Universal Hood Ⅱ配备了高灵敏度的 CCD（电荷耦合器件）相机。CCD 相机能够将化学发光产生的光信号转化为电信号，再进一步转化为数字信号。CCD 相机具有极高的灵敏度，能够捕捉到微弱的化学发光信号，并且具有良好的动态范围，可以准确地记录不同强度的光信号。系统还包含光学滤光片和镜头等组件。光学滤光片用于筛选特定波长范围的光信号，以减少背景噪声和提高检测的特异性。镜头则负责将凝胶上的化学发光信号聚焦到 CCD 相机的感光面上，确保成像的清晰度和准确性。

系统通过控制软件对整个成像过程进行精确控制和数据处理。软件可以调节 CCD 相机的曝光时间、增益等参数，以适应不同强度的化学发光信号。在成像完成后，软件还可以对图像进行分析，如定量分析条带的强度、计算分子质量等，从而为科研和实验提供有价值的数据。

4.1.2 仪器操作过程

本教材以 Bio-Rad 公司 Universal HoodⅡ化学发光凝胶成像系统为例，介绍蛋白凝胶和 DNA 凝胶照胶操作步骤。

(1) 蛋白凝胶拍照

① 准备工作　插上电源，打开照胶仪器，打开主机和电脑。等待照胶仪器预热 5min。打开照胶仪器，将白板放下来，将蛋白凝胶正面朝上放在正中。

② 照胶参数设置　打开 Image Lab 软件，点击实验协议中的新建，在打开的页面点击选择—自定义—danbaizhi，然后点击放置凝胶，观察凝胶是否放在正中间，放置好凝胶后，点击运行实验协议（图 4-1）。

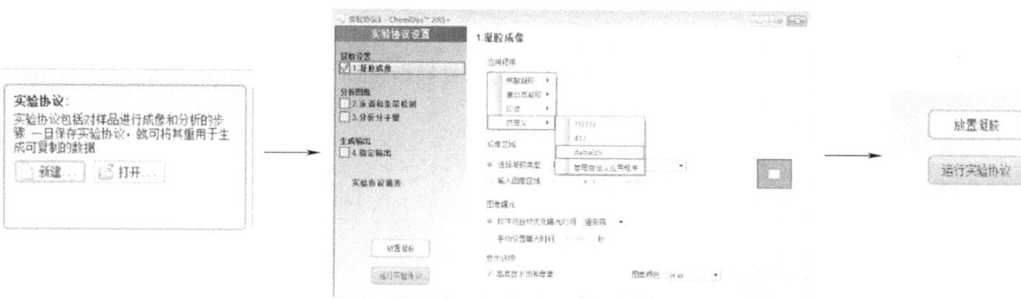

图 4-1　蛋白质凝胶成像软件操作界面

③ 得到成像结果，点击另存为，保存文件。

④ 分析凝胶条带。

a. 打开 Image Lab 软件，再打开照胶保存后的图。

b. 然后选择“泳道和条带”（在屏幕左边），继续选择“手动”，再点击“确认”。

c. 通过拉伸框架和移动框架，将每条条带刚好装进框架内。

d. 再选择左边栏目中的“条带”，然后选择“检测条带”，接着选择“高灵敏度”。

e. 检测出条带后，点击左边的“删除”，通过单击条带，删除空白条带，若不小心删错了可选择“添加”，通过单击即可加上一条条带。

f. 条带删减完以后，单击泳道，之后会对该泳道的每条条带进行编号，再选择“分析表”（在屏幕上方）。

g. 分析表出现以后，选择“将分析表导出到 Excel”，就是分析表左上方最右边的图标，然后就可将数据导出。

h. 记住所要分析的条带在每条泳道的编号，然后在 Excel 表中找到对应的数据，记住在 Excel 表中找到对应的数据以后要和分析表进行对比，以免出现差错，若有问题，可通过删减条带来达到统一，之后再导出一个新的 Excel 表，再将对应数据标红。

i. 将 Excel 表保存。

(2) DNA 凝胶拍照

① 准备工作　插上电源，打开照胶仪器，打开主机和电脑。等待照胶仪器预热 5min。

打开照胶仪器，将蛋白凝胶正面朝上放在黑色板正中间。

② 照胶参数设置　打开 Image Lab 软件，点击实验协议中的新建，在打开的页面点击选择—核酸凝胶—Ethidium Bromide，然后点击放置凝胶，观察凝胶是否放在正中间，放置好凝胶后，点击运行实验协议（图 4-2）。

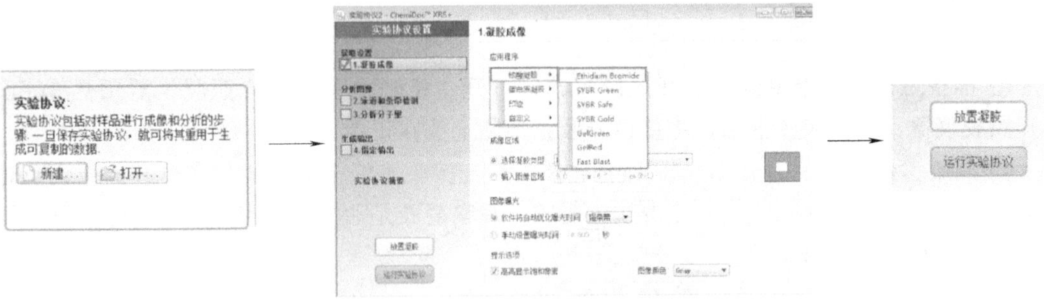

图 4-2　核酸凝胶成像软件操作界面

③ 得到成像结果，点击另存为，保存文件。

4.1.3　仪器故障维修方法

（1）故障 1

成像时图像整体偏暗，即使在较高增益和较长曝光时间下，信号仍然微弱，有以下两种情况需要排查。

① 化学发光底物反应不充分　检查底物的添加量是否正确，底物是否在有效期内。若底物添加量不足，需按照实验标准重新添加适量底物；若底物已过期，需更换新的化学发光底物，并确保在添加底物后充分混合反应，保证反应均匀进行。

② CCD 相机灵敏度下降　可尝试使用标准的发光测试样品，在固定参数下进行成像测试，并与仪器初始性能数据对比。若确定是 CCD 相机灵敏度问题，联系 Bio-Rad 专业技术人员，可能需要对相机进行校准或考虑更换 CCD 相机部件。

（2）故障 2

成像图像出现条纹状干扰时，需要逐一排查干扰源。

① 光学部件污染　先检查镜头、滤光片表面是否有灰尘、污渍。若有，使用专用的光学清洁工具，如镜头纸、清洁液，小心擦拭镜头和滤光片表面，去除污染物。擦拭时需注意避免刮伤光学表面。

② 电气干扰　检查仪器周围是否有强电磁干扰源，如大功率电器设备、无线信号发射器等。将仪器远离这些干扰源，或者对仪器所在区域进行电磁屏蔽处理，如使用金属网屏蔽罩等。同时，确保仪器的电源线和数据线连接稳固，避免松动导致信号传输异常。

（3）故障 3

软件无法识别采集到的图像数据，提示格式错误或数据损坏，需要进行如下处理。

① 数据存储路径错误　检查软件设置中的数据存储路径是否被意外更改。若路径错误，则需重新设置正确的存储路径，并尝试重新采集图像。

② 文件格式兼容性问题　查看软件版本是否支持当前采集图像所保存的格式。若不支持，可尝试更新软件至最新版本，或联系 Bio-Rad 技术支持获取格式转换工具或解决方案。

③ 存储介质故障　检查用于存储图像数据的硬盘、U 盘等存储介质是否存在故障。可通过在其他设备上读取存储介质，或者使用磁盘检测工具检测是否有坏道等问题。若存储介质损坏，需更换新的存储介质，并重新采集图像数据。

（4）故障 4

仪器启动后，CCD 相机无法正常工作，软件提示相机连接失败，则需要重新进行连接操作，需要进行如下处理。

① 检查相机与仪器主机之间的数据线连接是否松动。若松动，重新插拔数据线，确保连接牢固。

② 查看相机电源是否正常接通，电源指示灯是否亮起。若电源未接通，检查电源线连接并确保电源供应正常。

③ 若上述检查均正常，尝试重启仪器和计算机。先关闭仪器和计算机电源，等待片刻后，先开启仪器电源，待仪器启动完成后，再开启计算机并运行成像软件，看相机是否能正常连接。若问题仍未解决，可能是相机硬件故障，须联系 Bio-Rad 专业维修人员进行检修。

4.1.4　注意事项

① 试剂处理　所有参与实验的试剂，如化学发光底物、缓冲液等，必须进行过滤处理，使用 0.22μm 或 0.45μm 滤膜去除杂质；同时，确保试剂溶液无气泡，可通过超声或缓慢搅拌脱气，且优先选用色谱纯试剂，减少背景信号。

② 压力异常排查（假设仪器有类似压力监测）　若监测到压力高于正常范围 20% 左右，检查光学部件连接部位是否安装不当或光路是否有异物堵塞；若压力低于正常范围 20%左右，查看成像暗箱密封处有无漏光，光源系统是否正常。

③ 样品溶解　务必采用流动相或洗脱能力更弱的溶剂溶解样品，防止样品在系统内沉淀或峰形异常，确保样品能稳定参与反应及成像。

④ 进样操作（若有类似进样环节）　控制进样量在较低水平，减少系统污染，避免信号过强超出仪器线性响应范围，进样量需依据实验及仪器情况经预实验确定。

⑤ 光源管理　完成样品成像后，立即关闭仪器光源，防止光源长时间开启缩短寿命、影响内部部件及成像质量。

⑥ 数据处理　及时将图像数据从仪器导出至外部存储设备，采用规范命名以便管理；对重要数据进行备份，定期清理无用数据，释放磁盘空间。

⑦ 仪器清洁　实验结束后，关闭仪器电源，取出样品，妥善处理废弃物；用软布擦拭仪器表面、样品台及暗箱内部，去除污渍，避免清洁剂进入仪器内部。

4.1.5 化学发光凝胶成像系统实验的应用案例——Western blot 检测蛋白表达量差异

（1）实验目的

掌握 Western blot 实验流程；学会使用 Universal HoodⅡ化学发光凝胶成像系统检测蛋白条带；分析不同种类乳腺癌细胞内目标蛋白表达量的变化；熟练运用成像系统软件进行条带定量分析。

（2）实验原理

Western blot 是将蛋白质样品经 SDS-PAGE 电泳分离后，转移到固相载体（如 PVDF 膜）上，固相载体以非共价键形式吸附蛋白质，且能保持电泳分离的多肽类型及其生物学活性不变。以固相载体上的蛋白质或多肽作为抗原，与对应的抗体发生免疫反应，再与酶标记的第二抗体发生反应，经过底物显色或化学发光反应将蛋白条带显示出来。Universal Hood Ⅱ化学发光凝胶成像系统利用 CCD 相机捕捉化学发光信号，将其转化为图像，通过软件分析条带强度，从而实现对目标蛋白表达量的定量分析。

（3）实验步骤

① 细胞处理与蛋白提取　将培养的细胞分为对照组和实验组，实验组用特定药物处理一定时间。处理结束后，收集细胞，加入细胞裂解液，在冰上裂解 30min，4℃、12000r/min 离心 15min，取上清液，采用 BCA 法测定蛋白浓度。

② SDS-PAGE 电泳　配制合适浓度的分离胶和浓缩胶，将蛋白样品与上样缓冲液混合，煮沸变性 5min，然后上样进行电泳。电泳条件：浓缩胶 80V，待样品进入分离胶后，调至 120V，直至溴酚蓝到达凝胶底部停止电泳。

③ 转膜　将电泳后的凝胶小心取出，放入转膜装置中，按照凝胶、PVDF 膜、滤纸的顺序依次放置，确保各层之间无气泡。采用湿转法，恒流 200mA 转膜 90min。

④ 封闭与抗体孵育　将转印后的 PVDF 膜放入 5%脱脂牛奶封闭液中，室温摇床封闭 1h。封闭结束后，加入一抗（稀释比例按说明书），4℃孵育过夜。次日，用 TBST 洗膜 3 次，每次 10min，然后加入二抗（HRP 标记，稀释比例按说明书），室温孵育 1h。再次用 TBST 洗膜 3 次，每次 10min。

⑤ 化学发光检测　将 ECL 化学发光底物 A 液和 B 液等体积混合，均匀滴加到 PVDF 膜上，室温孵育 1min，吸去多余底物。将膜放入 Universal HoodⅡ化学发光凝胶成像系统的暗箱中，设置曝光时间为 30s（可根据实际情况调整），增益为默认值，进行图像采集。

⑥ 数据分析　使用 Quantity One 软件打开采集的图像，进行条带识别，软件自动计算条带强度。以对照组条带强度为参照，计算实验组目标蛋白的相对表达量。

（4）实验结果

不同种类乳腺癌细胞 MDA-MB-231 和 MCF7 内 SIPA1 蛋白和 p62 蛋白表达的 Western blot 图像如图 4-3 所示，由图可知 SIPA1 蛋白在 MDA-MB-231 细胞中高表达，在 MCF7 细胞中低表达，p62 在 MDA-MB-231 细胞中高表达，在 MCF7 细胞中低表达。

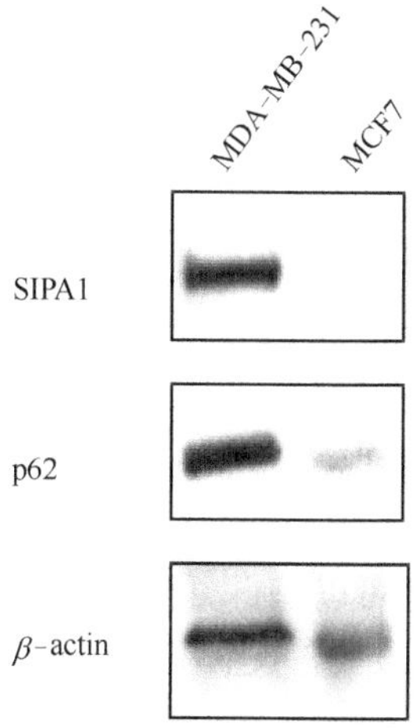

图 4-3 Western blot 检测不同类型乳腺癌细胞内 SIPA1 和 p62 蛋白表达结果

4.1.6 练习题

（1）选择题

① 在 Universal HoodⅡ化学发光凝胶成像系统中，将化学发光信号转化为电信号的组件是（　　）。

A. 镜头　　B. 滤光片　　C. CCD 相机　　D. 样品台

② 在 Western blot 实验中，通常使用（　　）标记物进行化学发光检测。

A. 荧光素　　B. 辣根过氧化物酶（HRP）

C. 生物素　　D. 地高辛

③ 调节 CCD 相机对光信号放大倍数的参数是（　　）。

A. 曝光时间　　B. 增益　　C. 光圈　　D. 焦距

④ 当成像图像模糊时，可能的原因不包括（　　）。

A. 样品放置不平整　　B. 镜头未聚焦

C. 曝光时间过长　　D. 光圈设置不当

⑤ 以下哪种操作可能会导致仪器无法启动（　　）。

A. 电源线连接松动　　B. 曝光时间设置过长

C. 增益设置过高　　D. 滤光片安装错误

⑥ 在使用 Universal HoodⅡ成像系统时，为了减少背景噪声，应选择合适的（　　）。

A. 曝光时间　　B. 增益　　C. 滤光片　　D. 光圈

⑦ 软件中用于计算条带强度和分子质量的功能模块是（　　）。

A. 图像采集模块　　B. 条带识别与分析模块

C. 数据导出模块　　D. 项目管理模块

⑧ 定期清洁成像暗箱内部时，应使用（　　）。

A. 湿布　　B. 专用清洁剂和软布

C. 酒精　　　　　　　　　　　　　　D. 清水

⑨ 在核酸检测中，用于染色使核酸片段发出荧光的染料是（　　）。

A. 鲁米诺　　　　　　　　　　　　　B. 辣根过氧化物酶

C. SYBR Green　　　　　　　　　　 D. 地高辛

⑩ 为了确保数据安全，应对重要的实验数据和图像进行（　　）。

A. 加密　　　　B. 压缩　　　　C. 备份　　　　D. 删除

（2）判断题

① Universal HoodⅡ化学发光凝胶成像系统只能用于 Western blot 实验。（　　）

② 曝光时间越长，成像图像越清晰。（　　）

③ 定期更新 Quantity One 软件可以获得更好的性能和功能支持。（　　）

④ 在操作仪器时，可以随意更改硬件设置和软件参数。（　　）

⑤ 含有放射性物质的样品可以直接放入成像暗箱进行检测。（　　）

（3）讨论题

① 简述 Universal HoodⅡ化学发光凝胶成像系统的工作原理。

② 当成像图像出现过度曝光时，应如何调整成像参数?

4.2 实验 20：体视荧光显微镜实验

体视荧光显微镜是一种结合了体视显微镜和荧光显微镜功能的科研设备，主要用于观察样品表面及内部结构。体视荧光显微镜的组成可划分为六大系统，分别为光学系统、荧光模块、照明与载物系统、成像与数据处理系统、机械与支撑结构以及辅助配件，是生命科学、材料科学等领域不可或缺的工具。

4.2.1 仪器工作原理

体视荧光显微镜通过融合立体显微镜的三维成像能力与荧光检测的高特异性，实现对样本的多维度观察。其基本原理基于双光路系统与荧光激发-发射机制：双独立光学通道（左/右目镜）以 12°～15°夹角投射不同视角图像，通过人脑视差融合形成立体空间感，同时利用短波长激发光（如蓝光）激发样本内荧光物质（如 GFP），发射的长波长荧光经二向色镜和滤光片分离后成像，有效排除背景干扰。这种设计既保留了体视显微镜的大工作距离（如 90mm）和深焦深，便于操作活体组织或大体积样本，又通过荧光标记实现特定分子或结构的高对比度成像，广泛应用于生物学、医学及工业检测领域。

4.2.2 仪器操作过程

本教材以 Nikon SMZ25 为例，介绍体视荧光显微镜操作步骤（图 4-4）。

① 检查仪器电源连接　主机电源线接入稳压电源（100～240V AC），荧光光源（如汞灯/LED）独立供电，相机系统连接专用电源。

② 透射光路设置　旋转物镜转盘至 0.5×/1×低倍物镜，拨动光路选择杆至“BF”明场位置，基底光源强度调至 30%起始值。

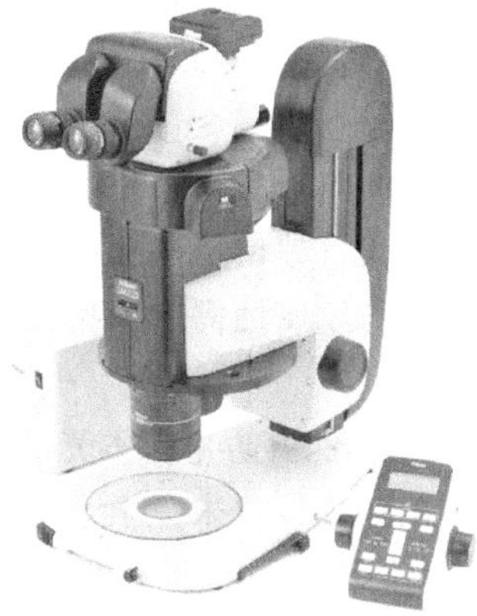

图 4-4　Nikon SMZ25 仪器

③ 荧光光路准备　打开荧光光源电源（汞灯需预热 15min），安装对应荧光滤块（如 GFP/DAPI/Texas Red），检查激发/发射滤片匹配性。

④ 载物台操作　解锁 XY 移动锁紧旋钮（逆时针旋转），放置标本于玻璃载物台中心区，使用弹簧夹固定样本载玻片。

⑤ 对焦系统　粗调焦旋钮初始定位（工作距离 50mm），10×目镜下进行预对焦，切换至电动调焦进行微调（步进精度 1μm）。

⑥ 光学参数调整　见表 4-1。

表 4-1　光学参数

参数	调节范围	推荐初始值
Zoom 倍率	0.5×～25×	4×
物镜	0.5×/1×/2×	1×
瞳距调节	52～75mm	使用者实测
屈光度补偿	±5D	0 位

⑦ 荧光参数设置　选择匹配的荧光通道（如 B-2A for DAPI）；设置曝光时间（建议起始值 100ms）；调节光强至 200～500μW/cm^2（光毒性控制）。

⑧ 对焦策略　使用 APO 自动色差校正功能，开启实时对焦维持（PFS 系统），Z-stack 模式时设置 5μm 层间距。

⑨ 拍摄流程　NIS-Elements 软件选择“Live”预览；调整白平衡（明场）或背景扣除（荧光）；设置图像分辨率（1920×1440 默认）；触发单帧或时间序列采集。

⑩ 标准关机步骤　荧光光源先关闭（汞灯需冷却 30min），基底光源强度归零，物镜转盘复位至最低倍率，软件执行“Shutdown”流程。

4.2.3　仪器使用注意事项

（1）汞灯/LED 光源管理

① 汞灯寿命仅 200～300h，超时使用可能爆裂（须在 NIS 软件中监控使用时间）；

② 关闭后必须冷却≥30min 才能重启，防止电弧损伤；

③ 避免 LED 光源连续工作>4h（过热会导致光强衰减）。

（2）物镜保护

① 切换倍率时确保载物台与物镜间距≥5mm（防止碰撞）；

② 油镜使用后立即用专业镜纸清洁（残留镜油会腐蚀镀膜）；

③ 禁止用手直接触摸透镜表面（指纹腐蚀需专业抛光）。

（3）滤光片组使用

① 每个荧光通道单次曝光不宜超过 2s（防止样本光漂白）；

② 切换滤块时听到“咔嗒”声确认到位（未完全卡入会导致荧光串色）；

③ DAPI 通道须额外安装 UV 阻挡滤片（保护相机传感器）。

（4）电动部件操作

① 设置电动调焦速度≤50μm/s（高速移动可能损坏精密导轨）；

② 遇到阻力立即停止并手动回位（过载会烧毁步进电机）；

③ 每周用无尘布清洁 Z 轴导轨（灰尘积累导致定位误差）。

4.2.4 体视荧光显微镜应用案例——斑马鱼仔鱼吖啶橙（AO）染色观察细胞凋亡情况

（1）实验目的

掌握斑马鱼仔鱼 AO 染色方法；掌握体视荧光显微镜 Nikon SMZ25 的使用方法。

（2）实验原理

吖啶橙（AO）作为一种核酸特异性荧光染料，可透过活细胞膜与 DNA 结合发绿色荧光（502/526nm），而在凋亡细胞中因与聚集的 RNA 结合转为红色荧光（460/650nm）。利用 Nikon SMZ25 体视荧光显微镜的多通道荧光模块（B-2A/G-2E 滤块）和 APO 物镜，可同步高分辨捕获双色信号。正常细胞呈现均匀绿色，由于凋亡过程中染色质固缩或断裂，形成凋亡小体，吖啶橙使其呈现致密浓染的黄绿色荧光或碎片状颗粒。

（3）实验步骤

① 斑马鱼仔鱼 AO 染色：使用碧云天生物有限公司的 AO 染色试剂盒进行染色。具体方法如下。

a. 工作液配制　将 AO 染液（1000×）与 Assay Buffer（染色缓冲液）按照 1∶1000 的比例混合，配制成吖啶橙染色液。例如取 10μL 的 AO（1000×）加入 10mL 的 Assay Buffer 中，即得 10mL 的吖啶橙染色液。

注：不同的实验条件浓度有所不同，需要预实验优化，进而确定浓度。

b. 样本处理　将斑马鱼仔鱼（120hpf）置于冰水中麻醉，并使用 Assay Buffer 进行清洗。

c. AO 染色　在 6 孔板中每孔加入 2mL AO 工作液，放入 10～15 尾仔鱼，避光孵育 30min。

d. 孵育完成后去除 AO 染液，使用 Assay Buffer 清洗后使用显微镜进行检测。

② 使用 Nikon SMZ25 体视荧光显微镜荧光拍摄确定凋亡情况。

a. 显微镜配置如下。

物镜选择：0.5×物镜（视野 71mm）用于整体凋亡分布；1×或 2×物镜（NA 0.156～

0.312）用于局部高分辨率成像。

荧光模块：激活 GFP 滤光片组，EX（激发滤光片）480～540nm，BA（阻挡滤光片/发射滤光片）530～550nm，关闭透射光源，启用复眼照明附件。

软件设置：使用 NIS-Elements 软件设置多通道采集（如需叠加明场或 OCC 斜射照明）、EDF 景深扩展（针对不平整样本）及时间序列拍摄（动态凋亡过程）。

b. 图像优化　调节激发光强度至最低有效值（减少光毒性），利用 SMZ25 的“高透射短波长透镜”增强信号，降低噪声。对焦后保存参数，确保批次样本的一致性。

（4）结果分析

① 定性分析　正常细胞呈现均匀绿色，由于凋亡过程中染色质固缩或断裂，形成凋亡小体，吖啶橙使其呈现致密浓染的黄绿色荧光或碎片状颗粒（图 4-5）。

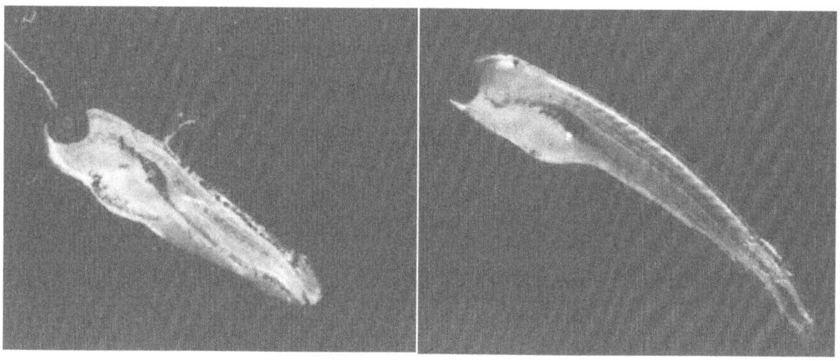

图 4-5　AO 染色后体视显微镜下照片

② 定量分析　使用 Image J 软件进行定量分析。

（5）常见问题的解决方法

① 无法开机　检查电源线是否连接牢固，确保电源供应正常。

② 变焦不顺畅　检查变焦单元是否干净，必要时进行清洁或联系专业维修人员。

③ 图像不清晰　检查物镜和镜头是否干净，调整照明设置，确保光源正常工作。

4.2.5 练习题

（1）选择题

① Nikon SMZ25 体视荧光显微镜的荧光光源预热时间要求是（　　）。

A. 无须预热　　B. 5min　　C. 15min　　D. 30min

② 斑马鱼仔鱼 AO 染色中，凋亡细胞的荧光信号特征是（　　）。

A. 均匀绿色

B. 点状红色

C. 致密浓染的黄绿色荧光或碎片状颗粒

D. 无荧光

③ SMZ25 的电动调焦速度建议设置为（　　）。

A. ≤10μm/s　　B. ≤50μm/s　　C. ≤100μm/s　　D. 任意速度

④ 以下（　）操作可能损坏物镜。

A. 切换倍率时保持载物台与物镜间距≥5mm

B. 使用专业镜纸清洁油镜

C. 用手直接触摸透镜表面

D. 定期校准 Z 轴导轨

⑤ AO 染色后，样本须在（　）内完成成像。

A. 1h　　B. 6h　　C. 12h　　D. 24h

（2）判断题

① SMZ25 的汞灯关闭后可立即重启。（　）

② AO 染色时，DAPI 通道须额外安装 UV 阻挡滤片以保护相机。（　）

③ 斑马鱼仔鱼 AO 染色工作液配制比例为 1∶100（AO 储存液：缓冲液）。（　）

（3）讨论题

在斑马鱼仔鱼 AO 凋亡检测中，若未出现致密浓染的黄绿色荧光或碎片状颗粒，可能的原因有哪些？如何优化实验？

4.3 实验 21：动物行为分析仪实验

动物行为分析仪是用于斑马鱼成鱼、幼鱼，白蚁及其他极小型动物高通量追踪的创新系统。借助动物运动轨迹跟踪系统可同时在多孔板高精度追踪多达 96 只动物。该系统由观察室、温度控制单元，以及预装于计算机的软件组成。在行为研究方向、药物筛选和毒性测试、疾病建模和药物研发、行为遗传学等领域研究的深入和多样化，为生物学、医学等领域的研究提供了重要的技术支持，有助于推动科学研究的进步和创新。

4.3.1 仪器工作原理

动物行为分析仪基本原理是：利用高分辨率摄像头记录动物活动，通过背景减除、目标检测（如阈值分割或深度学习模型）定位动物位置，并基于运动轨迹、速度、身体姿态等特征（如鼻尖、重心跟踪）量化行为参数（如移动距离、静止时间、区域偏好）；结合预定义行为规则或机器学习分类（如 LSTM 分析时序数据），系统自动识别特定行为（如探索、社交、焦虑样行为），最终输出统计报告和可视化轨迹图，实现高通量、高精度的行为表型分析。

4.3.2 仪器操作过程

本教材以 Noldus DanioVision 为例（图 4-6），介绍动物行为分析仪检测操作步骤。

① 检查确保 DanioVision 观察箱、摄像头、LED 照明（红外/可见光）、温度控制模块连接正常。

② 打开 EthoVision XT 软件，选择 DanioVision 实验模板或新建项目。

③ 将实验动物转移至实验箱，静置适应环境（通常 10～15min）。

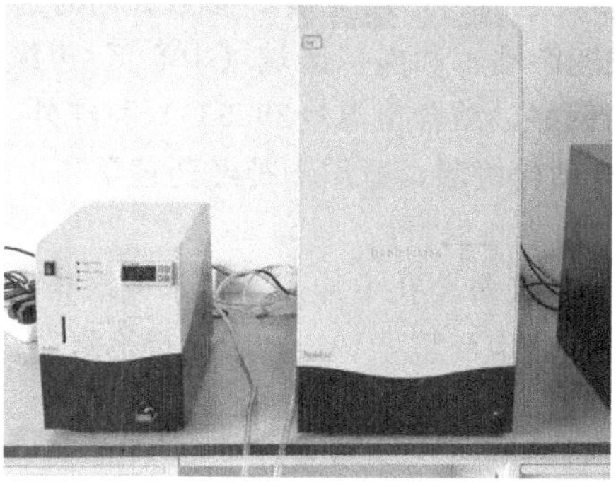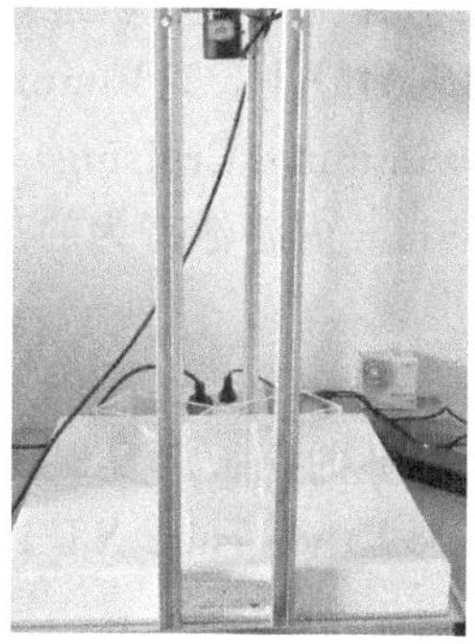

图 4-6 Noldus DanioVision 仪器

④ 摄像头校准　调整焦距和视野，确保所有实验区域被清晰覆盖。

⑤ 拍摄空白水箱图像，设定背景阈值以排除环境干扰。

⑥ 行为参数设置，如运动参数、区域划分、特殊行为检测。

⑦ 设置录制时长（如 30min），同步触发外部设备（如温度控制器）。

⑧ 通过软件观察动物轨迹和实时数据（如运动热图、区域停留时间）。

⑨ 数据分析　软件自动追踪鱼体中心点或头部/尾部关键点，记录总移动距离、平均速度、加速度、空间偏好（评估焦虑水平）、快速游动次数、静止时长占比，生成轨迹图、热图或时序行为曲线。

⑩ 检测结束后取出测试板，关闭仪器电源及软件。

4.3.3 仪器使用注意事项

① 环境控制　保持水温（通常 28.5℃）、光照一致，避免震动干扰。

② 数据验证　人工复核自动追踪结果（如修正误检目标）。

③ 伦理合规　遵循动物实验伦理规范，最小化应激刺激。

④ 适应时间　实验前将斑马鱼转移至测试水箱，静置至少 10min，以减少应激行为。

⑤ 样本数量　避免水箱过密（如 6 孔板每孔 1 尾成鱼），防止遮挡影响追踪。

⑥ 健康状态　剔除明显患病或异常个体（如体色发黑、游动失衡）。

⑦ 使用后关闭电源，清洁水箱（避免残留药物或藻类）。定期检查摄像头焦距和照明亮度。

4.3.4 动物行为分析仪的应用案例——斑马鱼仔鱼 5min 内游泳行为情况检测

（1）实验目的

掌握斑马鱼仔鱼游泳行为检测方法；掌握动物行为分析仪 Noldus DanioVision 的使用方法。

（2）实验原理

Noldus DanioVision 通过视频追踪技术定量分析斑马鱼仔鱼游泳行为，其核心原理是：利用高帧率摄像头（30～60FPS）实时记录仔鱼运动，通过背景减除算法提取鱼体位置（如中心点或头部），并基于运动轨迹计算总移动距离、平均速度等参数；同时通过预设速度阈值（如＜2mm/s 为静止，＞10mm/s 为快速游动）和虚拟区域（中心区/边缘区）分析运动模式（Burst swimming/Cruising）和空间偏好，结合恒温（28.5℃）与红外/可见光控制环境变量，实现 5min 内游泳行为的高通量自动化检测，适用于神经药理学和毒理学研究。

（3）实验步骤

① 将斑马鱼仔鱼随机放入 24 孔板中，并在每个孔中加入等量水或培养液。

② 将放有样品的孔板放置于观察箱使其适应环境，10min 后进行检测。

③ 点开桌面 EthoVision XT 18 图标，进入软件界面，如图 4-7 所示。

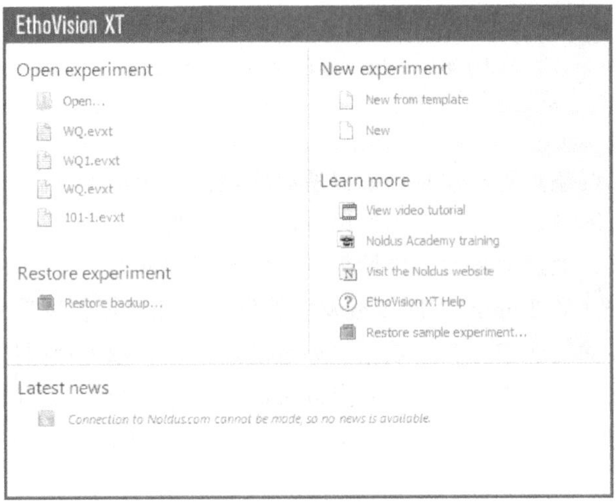

图 4-7　新建页面

④ 进入软件界面后，点击"New/New from template"；弹出"New Experiment"，输入实验名称（Name），修改文件存放位置（Laocation），点击"OK"（图 4-8）。

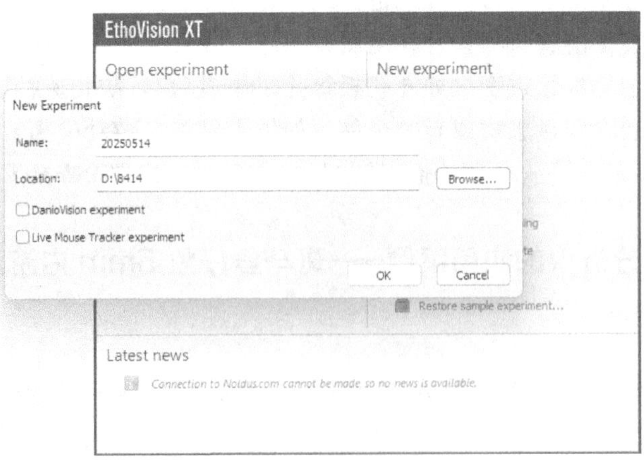

图 4-8　储存路径页面

⑤ 进入设置（Set up），点击“Experiment Settings”（图 4-9）。

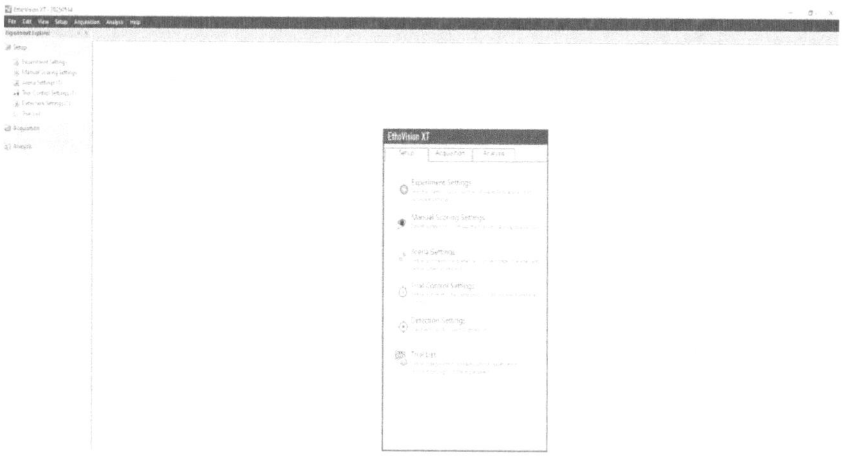

图 4-9　实验设置

⑥“Video Source”选择“Source”，以观察箱为例。“Resolution”选择 1280×960，“Frame rate”选择 25（图 4-10）。

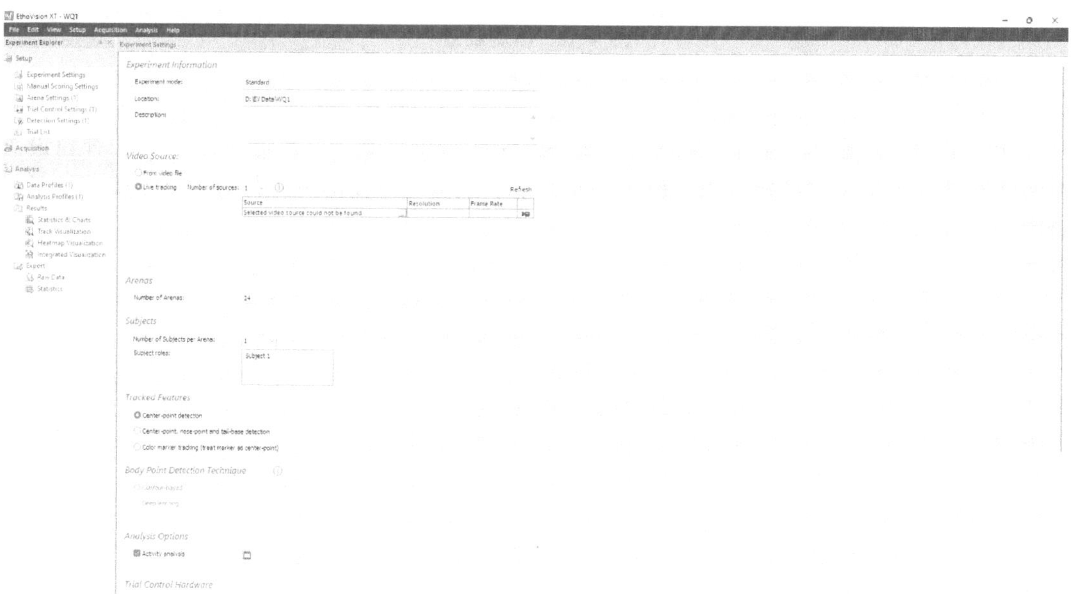

图 4-10　参数设置

⑦ Arenas 选择孔板规格，以 24 孔板为例。“Subjects”选择每个孔动物数量为 1，“Analysis Options”勾选“Activity analysis”；“Trial Control Hardware”勾选“Use of Control Hardware”，点击“Settings”（图 4-11）。

图 4-11　孔板规格设置

⑧ 弹窗中选择“DanioVision DVOC-005X/TCP”，点击“OK”，又跳出一个弹窗，继续点击“OK”（图 4-12）。

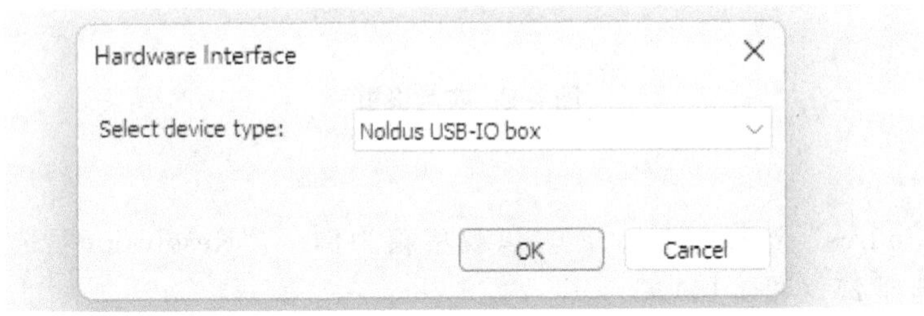

图 4-12　检测设置

⑨ 如图 4-13 所示，点击“Manual Scoring Settings”，点击“Add behavior”，弹窗设置行为快捷键（添加的快捷键可以方便在视频人工识别自己想要的一些行为，每个快捷键只能对应一个行为）。

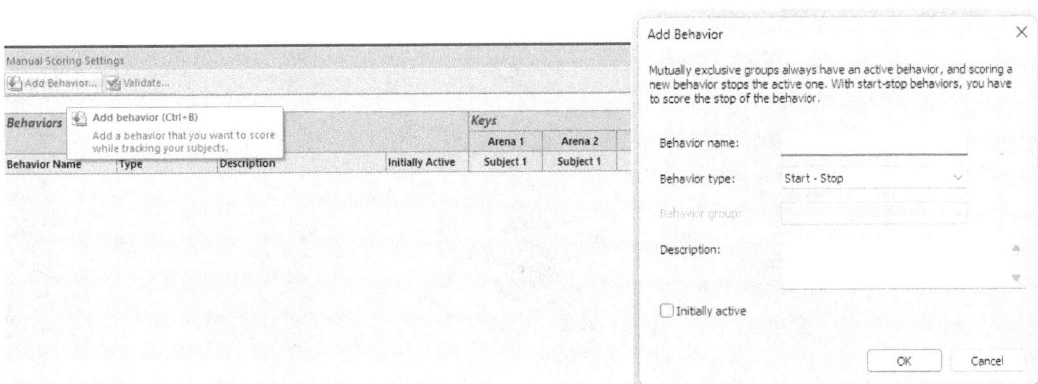

图 4-13　检测行为设置

⑩ 在左侧点击“Arena Settings”，弹窗点击右下角“Grab”（图 4-14）。

图 4-14　实时影像捕捉

⑪ 右侧的“Arenas and Zones”中，点击 1，在中间的图片中画一个板孔的直径，在弹窗中输入对应板孔直径，点击“OK”（图 4-15）。

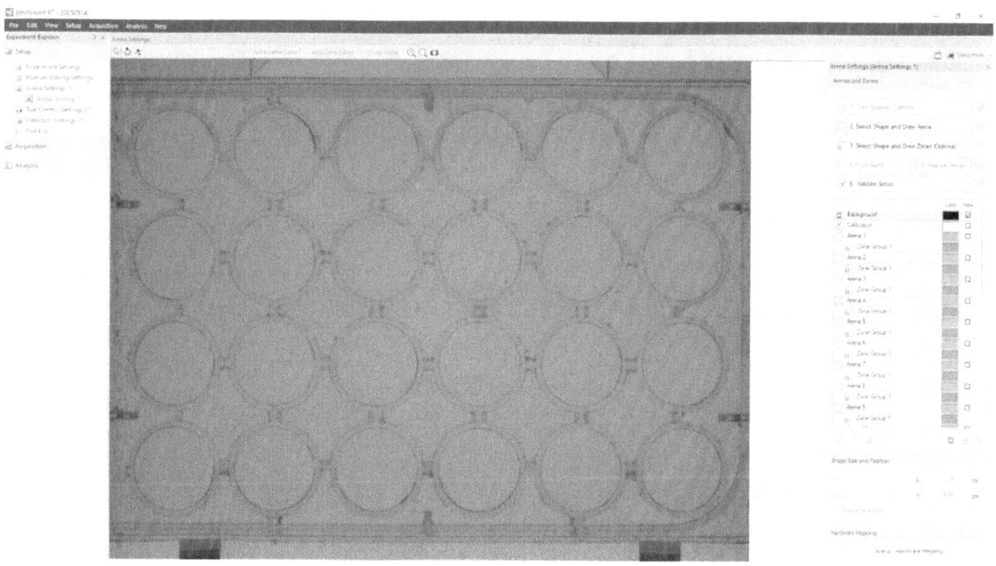

图 4-15　定标

⑫ 继续点击右侧菜单栏 2，在图中使用三点画圆画出每个孔（图 4-16）。

⑬ 继续点击 3，可以将上一步画的圆进行分区（这一步根据实际情况进行选择），弹窗可修改区域名称（图 4-17）。

⑭ 继续点击 4，弹窗点击“OK”。这一步是将之前画的 1 个圆圈复制粘贴为 24 个圆圈。调整圆圈至合适位置，需覆盖画面中全部板孔（图 4-18）。

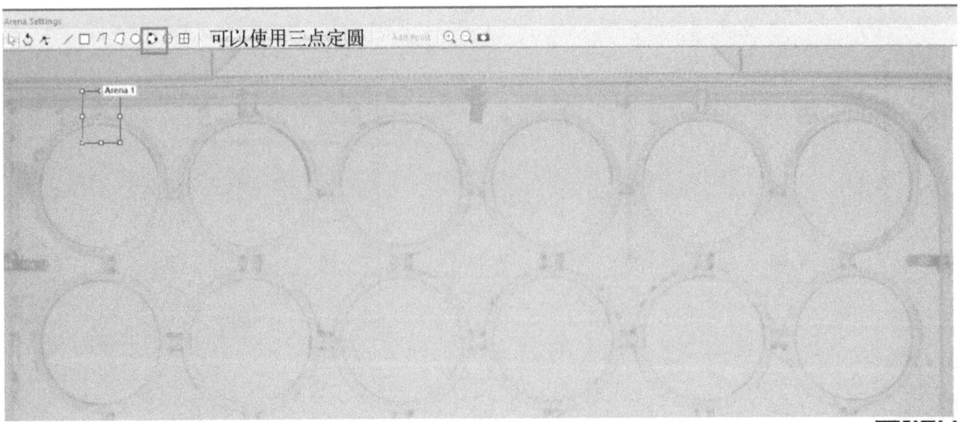

图 4-16　画监测区域

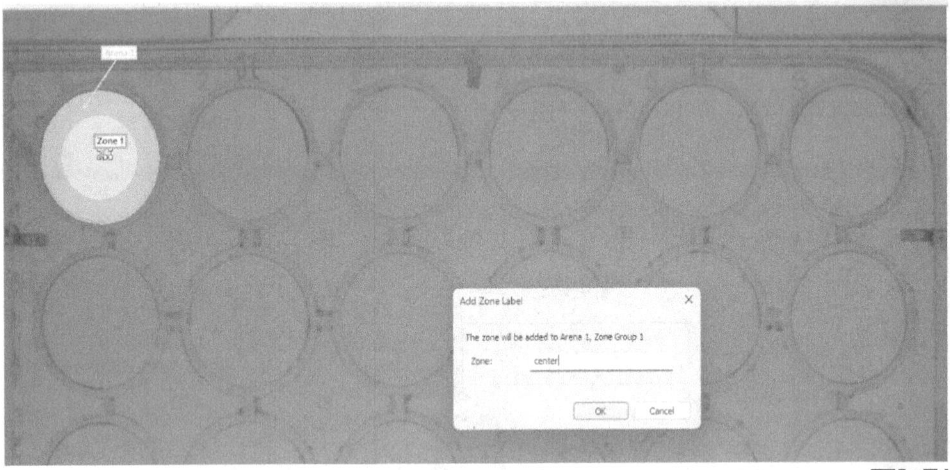

图 4-17　分区设置 1

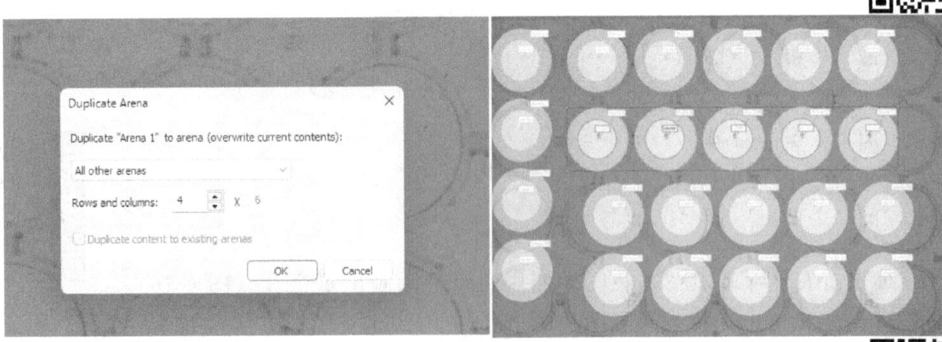

图 4-18　分区设置 2

⑮ 点击右下角的“Arean-Hardware Mapping”，弹窗点击“OK”，点击“Text”，又一个弹窗，设置想要测试的刺激类型（敲击、光照等），点击“Test”，进行验证（如果刺激类型选择敲击，可以听见声音），点击“OK”，继续点击“OK”（图 4-19）。

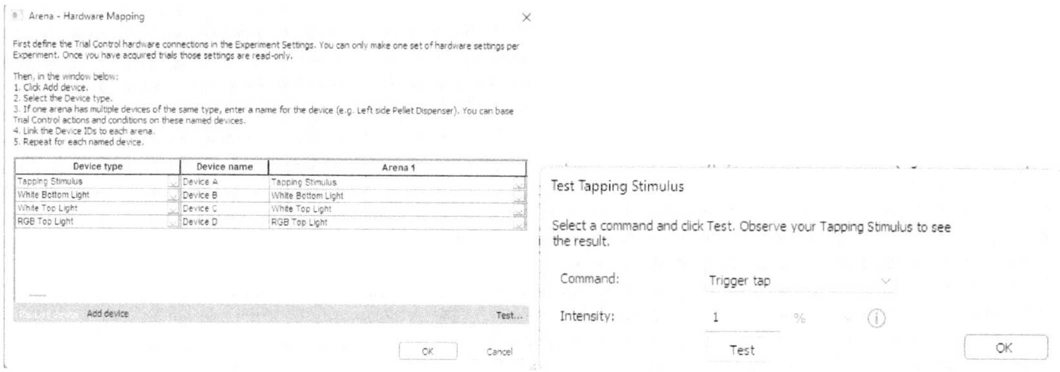

图 4-19　刺激类型设置

⑯“Trial Control Settings” 5min，点击“Condition”的“Settings”，弹窗中 After 设置为 1min 适应时间（图 4-20）。

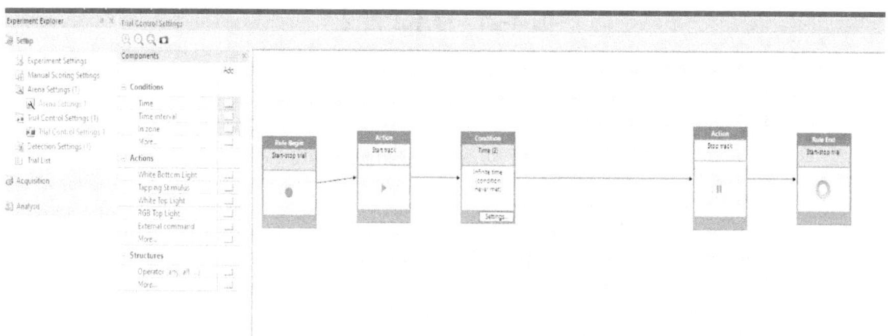

图 4-20　程序设置 1

⑰ 在左侧的“Structures”中，点击“More”后面的，点击“Sub-rule”，弹窗点 OK。再在左侧 Actions 中点击“White Bottom Light”后面的，弹窗中“Action to perfrom”选择“Light on”。在这个弹窗中可以调节变亮时间以及光亮强度（图 4-21）。

⑱ 在左侧的“Conditions”中点击“Time”后面的，弹窗中“After”选择“2min”（设置光照时间）点击“OK”（图 4-22）。

⑲ 在左侧的“Actions”中点击“White Bottom Light”后面的，弹窗中“Action to perfrom”选择“Light off”。在这个弹窗中可以调节变亮时间以及光亮强度。在左侧“Conditions”中点击“Time”后面的，弹窗中“After”选择“2min”（设置黑暗时间）点击

“OK”。在左侧的“Structures”，点击“More”后面的 ，点击“Sub-rule reference”，弹窗根据自己需要进行修改，点击“OK”。把得到的“Reference”插入自己想要的位置（图 4-23）。⑲～㉔是设置子规则的方式。

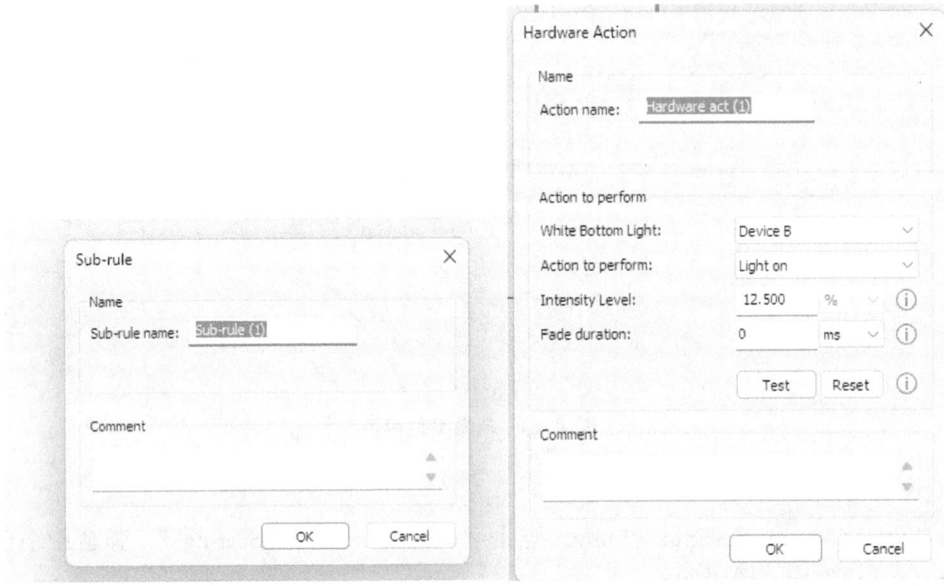

图 4-21 程序设置 2

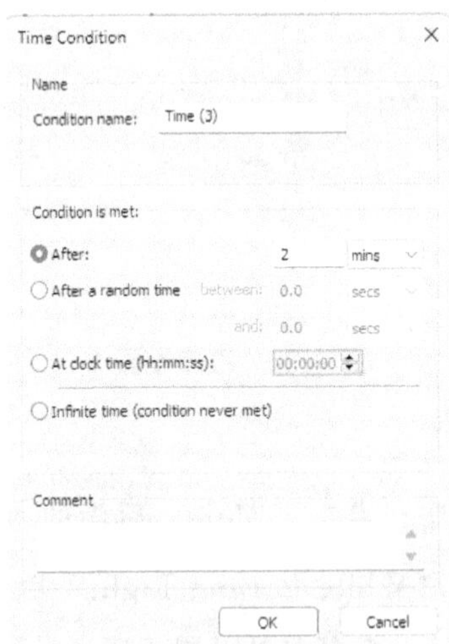

图 4-22 时间设置

⑳ 点击左上角的“Detection Settings”，在屏幕中观察是否识别到动物。若识别不好，则在右边进行调整（图 4-24）。

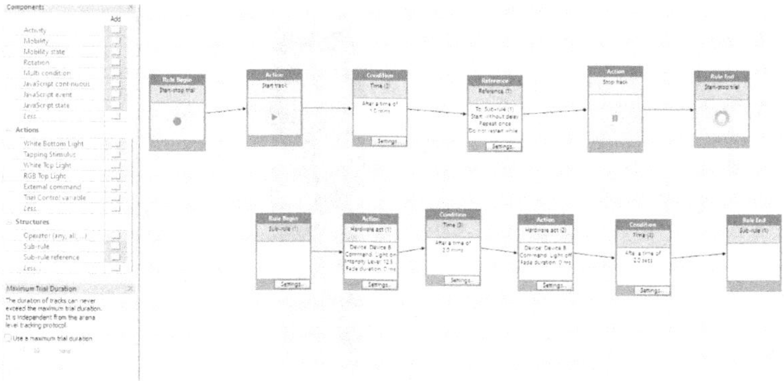

图 4-23 检测规则设置

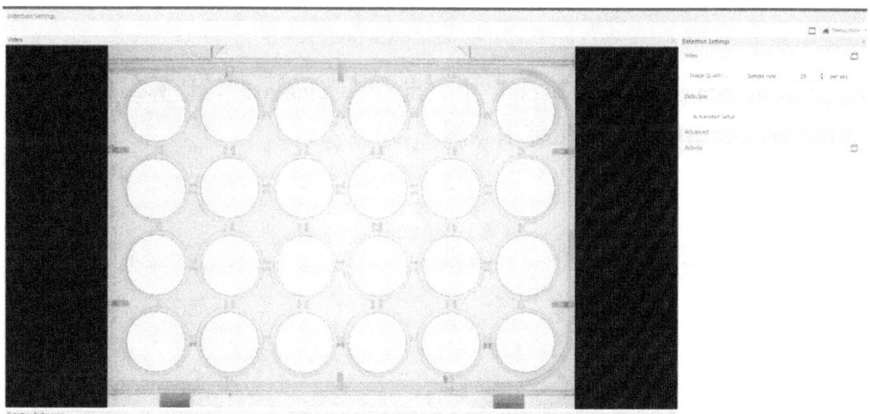

图 4-24 检测范围调试

㉑ 点击“Trial List”，可以增加实验数量，添加分组信息（图 4-25）。

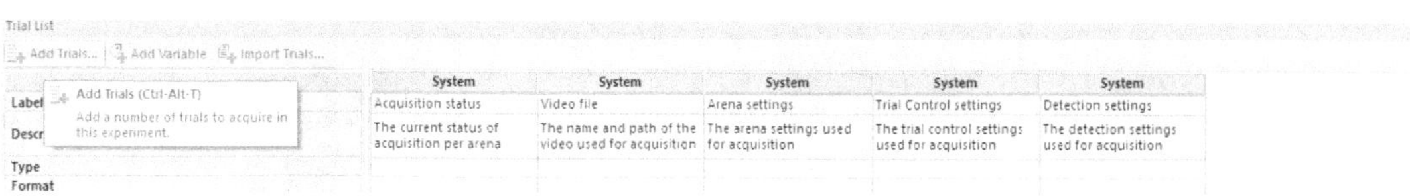

图 4-25 分组信息设置

㉒ 点击左上角的“Acquisition”，弹窗点击“Acquisition”，点击“Ready for start”，开始检测（图 4-26）。

㉓ 点击左上角的“Analysis”，出现弹窗，点击第一个，设置分组、时间、区域等；点击左上角“Analysis Profiles”，选择你需要统计的结果，如速度、移动距离等；在“Analy-

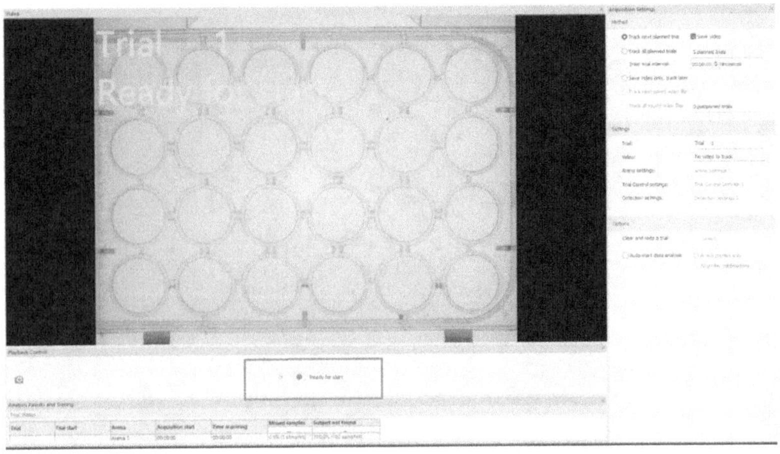

图 4-26 开始实验

sis—Result—Group Statistics & Charts”中，点击“Calculate”，计算结果，确定结果无误后，点击“Export Statistics”，导出结果（图 4-27）。

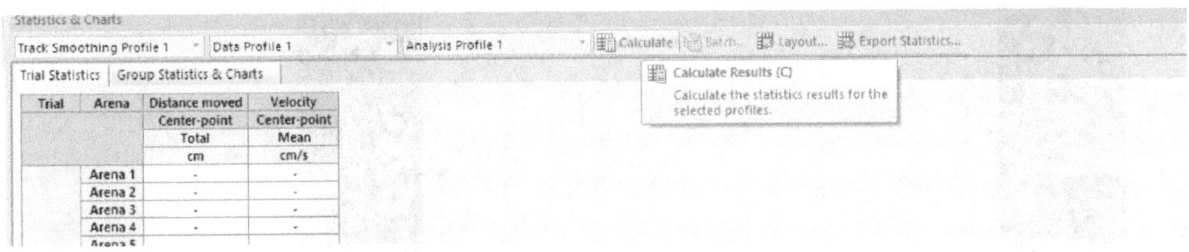

图 4-27 数据分析设置

㉔ 在“Analysis—Result—Track Visualization”中，显示轨迹图。在“Analysis—Result—Heatmap Visualization”中，点击“Plot Heatmap”，显示热图结果（图 4-28）。

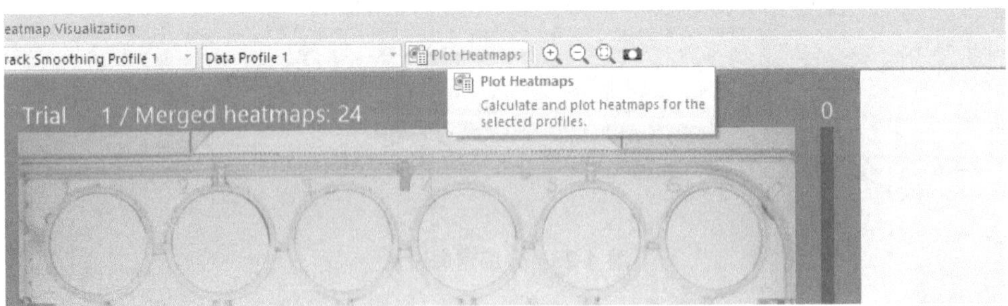

图 4-28 轨迹导出

㉕ 点击“Export Statistics”，弹窗选择保存位置，导出实验结果（图 4-29）。

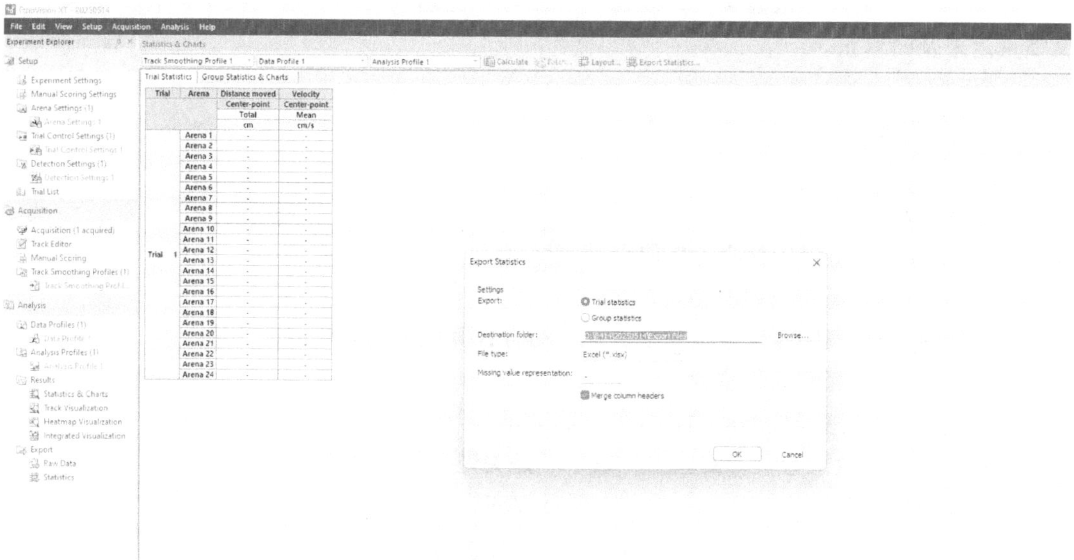

图 4-29 结果分析

（4）结果分析

使用数据分析软件 SPSS 对所得数据（图 4-30）进行分析。

				自变量	移动距离	速度
				自变量	中心点	中心点
				<用户定义	全部	平均值
					毫米	毫米/秒
结果 1	试验	观察区 1	开始-0:05:00	0	174.303	0.582252
结果 1	试验	观察区 1	0:05:00-0:10:00	0	690.845	2.91545
结果 1	试验	观察区 1	0:10:00-0:15:00	0	203.981	0.836674
结果 1	试验	观察区 1	0:15:00-0:20:00	0	913.98	3.87017
结果 1	试验	观察区 1	0:20:00-0:25:00	0	113.862	0.38519
结果 1	试验	观察区 1	0:25:00-0:30:00	0	648.704	2.54753
结果 1	试验	观察区 1	0:30:00-0:35:00	0	198.6	0.770483
结果 1	试验	观察区 1	0:35:00-0:40:00	0	692.637	2.8937
结果 1	试验	观察区 1	0:40:00-0:45:00	0	175.432	0.58524
结果 1	试验	观察区 1	0:45:00-0:50:00	0	0.047381	1.18451

图 4-30 结果展示

（5）可能出现的问题及原因

① 动物追踪丢失或错误识别　水体反光/气泡干扰、多只动物重叠、摄像头焦距不合适、背景阈值设置不合理或样本颜色与背景对比度不足。

② 运动参数计算异常　速度阈值设定错误（如将正常游动误判为静止）、实验箱振动导致伪运动信号、水温波动影响动物活动性。

③ 软件无法识别硬件设备　USB 连接松动、驱动程序未正确安装、温度控制单元电源未开启或防火墙阻止软件通信。

④ 视频录制卡顿或丢帧　电脑配置不足（如显存/内存过低）、硬盘存储空间不足、同时运行多个高耗能程序或摄像头帧率设置过高。

⑤ 温度控制失效　恒温模块校准偏差、循环水路堵塞、环境温度波动剧烈或软件温度反馈延迟未及时修正。

4.3.5 练习题

（1）选择题

① 动物行为分析仪的核心工作原理是（　　）。

A. 通过红外传感器直接测量动物体温

B. 利用高分辨率摄像头记录动物活动，结合计算机视觉分析运动轨迹

C. 使用超声波探测动物位置

D. 基于化学传感器检测动物释放的气味分子

②在斑马鱼仔鱼游泳行为实验中，以下不是关键分析参数的是（　　）。

A. 总移动距离　　　　B. 呼吸频率

C. 平均速度　　　　D. 中心区停留时间

③ 使用 Noldus DanioVision 时，为确保数据准确性，以下操作错误的是（　　）。

A. 实验前让斑马鱼适应环境 10～15min

B. 水箱过密（如每孔多尾鱼）以提高检测效率

C. 定期清洁摄像头镜头

D. 设定恒温 28.5℃

（2）判断题

① 动物行为分析仪仅适用于斑马鱼成鱼，不能用于幼鱼或小型无脊椎动物。（　　）

②在 EthoVision XT 软件中，背景标定的目的是增强动物颜色对比度。（　　）

③实验结束后，可直接关闭软件，无须导出数据或清洁水箱。（　　）

（3）讨论题

简述斑马鱼仔鱼 5min 游泳行为检测实验的关键步骤，并说明如何利用 Noldus DanioVision 分析焦虑样行为。

第5章

其他大型仪器实验

教学目标：掌握电转化仪、蛋白质转印仪的操作方法、使用注意事项、故障维修方法、应用范围、实际样品检测的前处理方法和数据处理方法。了解仪器工作原理和国内外同类仪器发展概况。

本章学习重点：电转化仪、蛋白质转印仪的操作方法、应用范围和数据处理方法。

5.1 实验 22：电转化仪实验

电转化仪在生命科学研究与生物技术领域应用广泛，是基因工程和细胞工程研究的关键设备。在基因工程方面，常用于将重组质粒、表达载体等外源 DNA 导入原核细胞（如大肠杆菌）和真核细胞（如酵母、动物细胞），为基因克隆、基因编辑及蛋白表达研究提供支持；在细胞工程领域，可实现外源基因在动植物细胞中的稳定或瞬时表达，用于构建基因工程细胞系、培育转基因生物。相较于其他转化方法，电转化仪具有显著优势。它不受细胞种类限制，适用范围广；转化效率高，能够快速将大量外源 DNA 导入细胞；操作流程简便，实验周期短，可有效提高科研效率；并且转化效果稳定，重复性好，为基因功能研究、生物制药、疾病治疗等领域提供了可靠的技术支持，在现代生命科学研究中发挥着不可替代的作用。

5.1.1 仪器工作原理

电转化仪的工作基于电穿孔原理。当细胞悬浮液与外源 DNA 混合后，施加瞬间高强度电脉冲，在细胞膜上形成暂时的微孔（电穿孔）。这些微孔使得原本难以进入细胞的外源 DNA 能够穿过细胞膜，进入细胞内部。脉冲结束后，细胞膜具有自我修复能力，微孔逐渐闭合，外源 DNA 则被成功导入细胞，实现基因转化。不同细胞类型对电脉冲参数（如电压、脉冲宽度、脉冲次数）有不同的最佳适应范围，需优化参数以获得高转化效率且保证细胞存活率。

5.1.2 仪器操作过程

本教材以常见的 Bio-Rad Gene Pulser Xcell 电转化仪为例，介绍上机操作步骤。

(1) 准备工作

① 提前将电转化仪及配套的电转杯（如 0.1cm 或 0.2cm 规格）从储存环境取出，恢复至室温。

② 准备感受态细胞，从低温保存环境取出后，置于冰上缓慢解冻。同时准备好待转化的外源 DNA，确保其浓度和纯度符合实验要求（一般 DNA 浓度在 1～100ng/μL）。

③ 开启电转化仪电源，仪器进行自检，待自检完成，显示屏显示正常待机界面。

(2) 参数设置

根据所使用的细胞类型和电转杯规格，在仪器操作界面选择预设程序或手动设置参数。例如，对于大肠杆菌，常用参数为电压 1.8～2.5kV，电容 25μF，电阻 200Ω；对于一些真核细胞，电压可能为 0.8～1.5kV，电容 50～100μF，电阻可根据实际情况调整。设置完成后，再次确认参数准确性。

(3) 样品混合与装载

在冰上，取 50～100μL 感受态细胞至无菌离心管中，加入 1～5μL 外源 DNA，用移液器轻轻吹打混匀，避免产生气泡，随后将混合液转移至预冷的电转杯中，确保混合液完全覆盖电极表面，盖上电转杯盖子。注意操作过程保持低温，防止感受态细胞活性降低。

(4) 电转化操作

将装有样品的电转杯小心放入电转化仪的样品槽中，关闭仪器舱门。在操作界面上选择“开始”或“运行”选项，仪器开始施加电脉冲。电脉冲施加过程非常短暂，通常在几毫秒内完成，其间可听到轻微的放电声音。

(5) 复苏与培养

① 电脉冲结束后，迅速打开仪器舱门，取出电转杯。立即向电转杯中加入 1mL 预热至 37℃（针对大肠杆菌等细菌，若是真核细胞，根据其适宜培养温度）的无抗生素培养液，用移液器轻轻吹打混匀，将混合液转移至无菌离心管中。

② 将离心管置于恒温摇床，37℃，150～200r/min 振荡培养 1～2h（此为复苏培养时间，使转化后的细胞恢复正常生理状态并表达抗性基因）。培养结束后，取适量菌液涂布于含相应抗生素的固体培养基平板上，用无菌涂布棒均匀涂布，待菌液被培养基吸收后，将平板倒置放入 37℃培养箱培养 12～16h（细菌），或根据细胞类型调整培养条件和时间，观察菌落生长情况。

5.1.3 仪器故障维修方法

(1) 故障 1：电脉冲无法输出

原因排查及解决方法如下。

① 检查仪器电源连接是否正常，插头是否松动，电源线是否损坏。

解决方法：重新插拔电源插头，确保连接稳固；若电源线损坏，更换同规格电源线。

② 查看仪器操作界面是否有错误提示，若显示“电压异常”“电容故障”等，可能是内

部电路元件损坏。

解决方法：若为内部电路故障，联系仪器厂家专业维修人员，由其打开仪器外壳，检查并更换损坏的电压模块、电容等元件。

③ 检查电转杯与仪器连接部位是否清洁，有无异物或导电液体残留，若有，可能导致接触不良。

解决方法：用干净的无尘布蘸取少量酒精，擦拭电转杯连接部位，去除异物和液体，待干燥后重新进行电转化操作。

（2）故障 2：转化效率明显降低

原因排查及解决方法如下。

① 检查感受态细胞的制备过程是否规范，保存条件是否合适，若感受态细胞活性降低，会影响转化效率。

解决方法：重新制备感受态细胞，严格按照标准流程操作，确保细胞活性；若感受态细胞保存时间过长，重新制备新鲜感受态细胞。

② 确认电脉冲参数设置是否正确，不同批次的感受态细胞或不同来源的 DNA，可能需要微调参数。

解决方法：根据实验经验，适当调整电脉冲参数，如微调电压、电容或电阻，进行预实验优化参数。

③ 查看电转杯是否重复使用次数过多，内壁是否有划痕或磨损，若电转杯性能改变，会影响电场分布，降低转化效率。

解决方法：更换新的电转杯，避免使用有明显损伤的电转杯。

（3）故障 3：仪器显示异常

原因排查及解决方法如下。

① 可能是仪器显示屏连接线路松动或损坏。

解决方法：关闭仪器电源，打开仪器外壳，检查显示屏连接线路，重新插拔连接插头，若线路损坏，更换同型号线路。

② 仪器软件系统出现故障，如程序崩溃、数据错误等。

解决方法：尝试重启仪器，若问题仍存在，联系仪器厂家获取软件更新程序，对仪器软件进行升级或修复。

5.1.4 注意事项

① 安全操作　电转化仪工作时会产生高压电脉冲，操作过程中严禁打开仪器舱门，避免触电危险。操作人员须佩戴绝缘手套等防护装备。

② 样品处理　感受态细胞从低温取出后应始终置于冰上操作，避免温度升高导致细胞活性降低。外源 DNA 要确保无污染，且浓度和纯度适宜，过高或过低的 DNA 浓度都可能影响转化效率。

③ 电转杯使用　电转杯使用前需检查是否有破损，使用后应及时清洗（一般用去离子水冲洗多次，再用无水乙醇冲洗，晾干备用），避免残留样品影响后续实验。不同规格电转杯对应不同的最佳电脉冲参数，不可混用。

④ 环境要求　仪器应放置在平稳、干燥、通风良好的实验台上，避免阳光直射和强电

磁干扰。周围环境温度应保持在15～30℃，相对湿度在30%～70%，以保证仪器正常运行。

⑤ 仪器维护　定期对仪器进行清洁，用干净的软布擦拭仪器外壳和操作界面。每隔一段时间（如3～6个月）对仪器进行性能检测和校准，确保电脉冲参数的准确性。

5.1.5 电转化仪实验案例

以将重组质粒pET-28a（含绿色荧光蛋白基因）导入大肠杆菌BL21（DE3）为例。

（1）实验目的

掌握电转化仪的操作技术，实现外源基因（绿色荧光蛋白基因）在大肠杆菌中的导入。通过观察转化后大肠杆菌是否表达绿色荧光蛋白，验证转化是否成功，为后续蛋白表达和功能研究奠定基础。

（2）实验原理

利用电转化仪产生的高压电脉冲，在大肠杆菌BL21（DE3）细胞膜上形成微孔，使重组质粒pET-28a能够进入细胞。导入细胞的重组质粒在细胞内表达绿色荧光蛋白，在紫外光激发下，表达该蛋白的大肠杆菌会发出绿色荧光。

（3）实验步骤

① 制备感受态细胞　将大肠杆菌BL21（DE3）接种于LB液体培养基，37℃，220r/min振荡培养至对数生长期（OD_{600}为0.4～0.6）。将菌液冰浴30min，4℃，5000r/min离心10min收集菌体。用预冷的10%甘油溶液重悬菌体，重复离心洗涤3次，最后用适量10%甘油重悬制成感受态细胞，分装后置于－80℃保存备用。

② 电转化操作　从－80℃取出感受态细胞，冰上解冻。取50μL感受态细胞至无菌离心管，加入1μL重组质粒pET-28a（浓度50ng/μL），轻轻混匀，转移至预冷的0.1cm电转杯中。将电转杯放入电转化仪，设置参数为电压2.0kV，电容25μF，电阻200Ω，启动电脉冲。电转结束后，迅速加入1mL 37℃预热的LB培养液，转移至离心管，37℃，150r/min振荡培养1h。

③ 筛选与鉴定　取100μL菌液涂布于含卡那霉素（重组质粒pET-28a携带卡那霉素抗性基因）的LB固体培养基平板，37℃倒置培养12～16h。挑取单菌落接种于含卡那霉素的LB液体培养基，振荡培养后，用紫外灯照射，观察菌液是否发出绿色荧光，同时进行PCR鉴定和测序验证，确认绿色荧光蛋白基因已成功导入大肠杆菌。

④ 实验结果　在含卡那霉素的平板上长出多个单菌落，挑取部分菌落培养后在紫外光下可见明显绿色荧光，PCR鉴定和测序结果也表明绿色荧光蛋白基因已成功整合到大肠杆菌基因组中，电转化实验成功。

5.1.6 练习题

（1）选择题

① 电转化仪工作基于（　　）原理使外源DNA进入细胞。

A. 热休克　　B. 离子交换　　C. 电穿孔　　D. 渗透作用

② 进行大肠杆菌电转化时，常用的电转杯规格是（　　）。

A. 0.01cm　　B. 0.1cm　　C. 1cm　　D. 10cm

③ 电转化操作中，感受态细胞与外源 DNA 混合后应（　　）。

A. 室温放置 10min　　B. 立即进行电脉冲处理

C. 冰上放置一段时间　　D. 37℃孵育 5min

④ 电转化仪的电脉冲参数不包括（　　）。

A. 电压　　B. 电流　　C. 电容　　D. 电阻

⑤ 电转化后，复苏培养的目的是（　　）。

A. 使细胞表达抗性基因　　B. 让细胞增殖

C. 去除未转化的 DNA　　D. 增强细胞膜修复能力

⑥ 若电转化仪电脉冲无法输出，可能的原因不包括（　　）。

A. 电源未连接　　B. 电转杯规格错误

C. 内部电路故障　　D. 连接部位接触不良

⑦ 电转化效率降低，可能是因为（　　）。

A. 感受态细胞活性高　　B. 电脉冲参数合适

C. 电转杯内壁有划痕　　D. 外源 DNA 浓度适宜

⑧ 电转化仪应放置在（　　）。

A. 潮湿环境　　B. 阳光直射处

C. 强电磁干扰区域　　D. 干燥、通风良好处

⑨ 以下关于电转杯使用的说法，正确的是（　　）。

A. 不同规格可混用　　B. 使用后无须清洗

C. 有破损也可继续使用　　D. 用前需检查是否完好

⑩ 某实验将重组质粒导入真核细胞，设置电脉冲电压为 3.0kV，结果转化效率极低，可能原因是（　　）。

A. 电压过高　　B. 电压过低

C. 真核细胞不适合电转化　　D. 与电压无关

(2) 判断题

① 电转化仪可用于所有细胞类型的基因导入。（　　）

② 电转化操作时，感受态细胞与外源 DNA 混合后可在室温下长时间放置。（　　）

③ 电转杯使用后，用自来水冲洗干净即可再次使用。（　　）

④ 电转化仪显示异常，一定是显示屏损坏导致的。（　　）

⑤ 只要电转化仪参数设置正确，就能保证高转化效率。（　　）

(3) 讨论题

某实验室进行电转化实验，在相同条件下，多次实验转化效率波动较大，分析可能的原因，并提出改进措施。

5.2 实验 23：蛋白质转印仪实验

蛋白质转印仪广泛应用于生命科学、医学研究、生物技术等领域，是蛋白质研究的关键设备。在基础生命科学领域，常用于 Western blot 实验，实现凝胶电泳分离后蛋白质向固相膜的转移，以便后续通过抗原-抗体反应，对目标蛋白的表达、修饰及相互作用进行定性和

半定量分析；在医学研究中，可用于疾病标志物的筛选与鉴定，辅助疾病诊断和预后判断；在生物技术领域，用于重组蛋白的表达检测和质量控制，保障生物制品的安全性和有效性。

相较于传统的蛋白质转移方法，蛋白质转印仪具有显著优势。它操作简便，可标准化实验流程，降低人为误差；转移效率高，能在较短时间内实现蛋白质的高效转移，且对不同分子质量的蛋白质均有良好适用性；适用范围广，可搭配多种固相膜和转移缓冲液，满足不同实验需求；同时，该仪器能够实现蛋白质的高保真转移，最大程度保留蛋白质的生物学活性，为后续深入研究提供可靠样本，在现代生命科学研究与生物技术发展中发挥着不可替代的作用。

5.2.1 仪器工作原理

蛋白质转印仪基于电泳和电渗透原理，将聚丙烯酰胺凝胶电泳（SDS-PAGE）分离后的蛋白质条带，转移至固相膜（如 PVDF 膜、硝酸纤维素膜）上。仪器通过施加电场，使带负电荷的蛋白质在转移缓冲液中定向移动，穿过凝胶并结合到膜表面。不同分子质量的蛋白质在电场作用下迁移速率不同，但在合适的缓冲液和电场强度下，可实现高效、完整的转移。此外，部分仪器采用半干转印技术，通过缩短凝胶与膜的距离，减少缓冲液使用量，加快蛋白质转移速度；湿转印技术则将凝胶和膜完全浸泡在缓冲液中，适用于大分子蛋白质或低丰度蛋白的转移，以确保蛋白质的活性和完整性。

5.2.2 仪器操作过程

本教材以 Bio-Rad Trans-Blot Turbo 蛋白质转印仪为例，介绍具体操作步骤。

（1）准备工作

① 实验前将蛋白质转印仪接通电源，打开仪器开关，预热 10～15min，确保仪器处于稳定工作状态。

② 制备转印缓冲液：根据实验需求，配制湿转印缓冲液（如 25mmol/L Tris、192mmol/L 甘氨酸、20%甲醇）或半干转印缓冲液（成分有所差异），确保缓冲液新鲜、无杂质。

③ 准备固相膜和滤纸：选取合适的 PVDF 膜或硝酸纤维素膜，用甲醇（PVDF 膜需预处理）或超纯水润湿后，浸泡在转移缓冲液中；准备与凝胶大小相同的滤纸，同样浸泡在缓冲液中备用。

④ 完成 SDS-PAGE 电泳后，小心取出凝胶，置于转印缓冲液中平衡 10～15min，减少凝胶与缓冲液的离子强度差异。

（2）组装转印三明治结构

① 在半干转印仪的阳极板或湿转印槽的夹板上，依次放置 3～4 层预湿的滤纸，用玻璃棒或滚筒轻轻压实，排出气泡。

② 将凝胶小心平铺在滤纸上，确保无气泡残留；随后将润湿的固相膜覆盖在凝胶表面，用镊子轻压赶走气泡。

③ 在膜上再覆盖 3～4 层预湿滤纸，同样压实排除气泡，完成“滤纸—凝胶—膜—滤纸”的三明治结构组装。注意操作过程中避免手指接触凝胶和膜表面，防止污染。

(3) 设置转印参数与运行

① 将组装好的三明治结构放入转印槽（湿转印）或固定在半干转印仪电极板之间，确保电极与三明治结构紧密接触。

② 根据蛋白质分子质量大小和膜类型设置转印参数。

湿转印：一般采用恒流模式，对于小分子蛋白（<50kDa），电流设置为 100～150mA，转印时间 60～90min；大分子蛋白（>100kDa），电流 150～200mA，时间 90～120min。

半干转印：采用恒压模式，电压根据凝胶面积调整，如 $10V/cm^2$，转印时间 20～40min。

参数设置完成后，点击“开始”按钮启动转印程序，仪器运行过程中可通过显示屏观察电流、电压等实时数据。

(4) 结束与后续处理

① 转印完成后，仪器自动停止运行，取出固相膜，将其放入封闭液（如 5%脱脂牛奶或 BSA）中，室温振荡封闭 1～2h，以减少非特异性结合。

② 关闭蛋白质转印仪电源，清理转印槽或电极板，用去离子水冲洗干净，晾干备用；剩余缓冲液如需重复使用，需过滤并密封保存于 4℃。

5.2.3 仪器故障维修方法

(1) 故障 1：蛋白质转移效率低

原因排查及解决方法如下。

① 转移缓冲液配制错误或使用次数过多，离子浓度和 pH 改变，影响蛋白质迁移。

解决方法：重新配制新鲜的转移缓冲液，严格按照配方比例称量试剂；若缓冲液重复使用，需检测其 pH 和离子强度，必要时更换。

② 三明治结构组装不当，存在气泡或凝胶、膜与滤纸之间贴合不紧密，阻碍蛋白质转移。

解决方法：重新组装三明治结构，确保每一层之间紧密贴合，用玻璃棒或滚筒充分赶出气泡。

③ 转印参数设置不合理，电压、电流过低或转印时间过短，导致蛋白质未完全转移。

解决方法：根据蛋白质分子质量和实验经验，优化转印参数，适当提高电压、电流或延长转印时间，通过预实验确定最佳条件。

(2) 故障 2：膜上出现条纹或斑点

原因排查及解决方法如下。

① 凝胶或膜表面被污染，如操作时手指接触、实验台面不洁净等。

解决方法：操作过程中佩戴手套，使用干净的镊子和工具处理凝胶和膜；实验前清洁台面，确保环境洁净。

② 转移缓冲液中存在杂质或颗粒物，在转印过程中吸附到膜表面。

解决方法：过滤转移缓冲液或重新配制，避免使用有沉淀或浑浊的缓冲液；使用高质量的试剂和耗材。

③ 三明治结构中滤纸厚度不均匀，导致电场分布不均，蛋白质沉积异常。

解决方法：选择厚度均匀的滤纸，组装时仔细检查，若发现滤纸问题，及时更换。

（3）故障 3：仪器无法启动

原因排查及解决方法如下。

① 电源插头未插好或电源线损坏，导致仪器无法通电。

解决方法：检查电源连接，重新插拔插头，确认电源线无破损；若电源线损坏，更换同规格线缆。

② 仪器内部保险丝熔断，可能由电路短路或过载引起。

解决方法：打开仪器外壳，找到保险丝盒，检查保险丝是否熔断；若熔断，更换相同规格的保险丝，并排查电路是否存在短路问题。

③ 控制面板或电路板故障，如按键失灵、电路元件损坏。

解决方法：若控制面板或电路板故障，联系仪器厂家专业维修人员，切勿自行拆卸复杂电路元件。

5.2.4 注意事项

① 安全用电　蛋白质转印仪工作时涉及高压电，操作前确保仪器接地良好；避免在仪器运行过程中触碰电极和转印槽，防止触电发生危险。

② 膜的处理　PVDF 膜使用前需用甲醇活化，硝酸纤维素膜则避免接触甲醇，防止膜变性；处理膜时应使用镊子，避免手指直接接触，防止油脂和蛋白质污染。

③ 缓冲液使用　转移缓冲液中的甲醇可保持蛋白质的天然构象并防止凝胶膨胀，但浓度过高会导致大分子蛋白沉淀，需根据实验调整甲醇比例；缓冲液使用后若需保存，应密封置于 4℃，且重复使用次数不宜过多。

④ 转印参数优化　不同蛋白质的等电点、分子质量和疏水性不同，转印参数需通过预实验优化；大分子蛋白质可能需要延长转印时间或增加电压，小分子蛋白质则需防止过度转移导致条带扩散。

⑤ 仪器维护　定期清洁转印仪的电极板和转印槽，可用软布蘸取中性清洁剂擦拭，去除残留的缓冲盐和蛋白质；长时间不使用时，应断开电源，保持仪器干燥。

5.2.5 蛋白质转印仪实验案例——Western blot 检测细胞中某蛋白表达

（1）实验目的

掌握蛋白质转印仪的操作方法，通过 Western blot 技术检测细胞中目标蛋白的表达水平，分析不同处理组间的表达差异。

（2）实验原理

利用蛋白质转印仪将 SDS-PAGE 分离后的细胞总蛋白转移至 PVDF 膜上，通过抗原-抗体特异性结合，使用目标蛋白一抗和辣根过氧化物酶（HRP）标记的二抗孵育，结合化学发光底物（如 ECL），使目标蛋白条带在胶片或成像仪上显影，根据条带亮度和位置分析蛋白表达情况。

（3）实验步骤

① 样品制备　收集不同处理组的细胞（如对照组、实验组），加入细胞裂解液，冰上裂解 30min，4℃，12000r/min 离心 10min，取上清液作为细胞总蛋白样品，BCA 法测定蛋白浓度。

② SDS-PAGE电泳　配制合适浓度的分离胶和浓缩胶，将样品与5×上样缓冲液混合，煮沸5min使蛋白变性，上样进行电泳，恒压80V（浓缩胶）和120V（分离胶）至溴酚蓝指示剂迁移至凝胶底部。

③ 蛋白质转印　电泳结束后，按上述操作步骤组装半干转印三明治结构，设置电压15V，转印时间30min，将蛋白转移至PVDF膜。

④ 封闭与抗体孵育　转印后的膜用5%脱脂牛奶室温封闭1h，加入稀释的目标蛋白一抗（1∶1000），4℃孵育过夜；次日，用TBST洗膜3次，每次10min，加入HRP标记的二抗（1∶5000），室温孵育1h，再次用TBST洗膜3次。

⑤ 化学发光检测　将ECL发光液A液和B液等体积混合，均匀滴加在膜表面，反应1～2min后，放入化学发光成像仪中曝光成像。

（4）实验结果

成像结果显示，实验组目标蛋白条带亮度明显高于对照组，表明该处理可上调目标蛋白的表达；同时，内参蛋白（如β-actin）条带在两组中亮度一致，说明上样量均衡，实验结果可靠。

5.2.6 练习题

（1）选择题

① 蛋白质转印仪的核心原理是利用（　　）使蛋白质从凝胶转移至膜上。

A. 离心力　　B. 电场力　　C. 渗透压　　D. 重力

② 湿转印缓冲液中，甲醇的主要作用是（　　）。

A. 调节pH　　B. 促进蛋白质溶解

C. 保持蛋白构象并防止凝胶膨胀　　D. 增加导电性

③ 进行蛋白质转印时，三明治结构的正确顺序是（　　）。

A. 滤纸—膜—凝胶—滤纸　　B. 滤纸—凝胶—膜—滤纸

C. 膜—滤纸—凝胶—滤纸　　D. 凝胶—滤纸—膜—滤纸

④ 对于分子质量较大（>100kDa）的蛋白质，湿转印的电流和时间一般设置为（　　）。

A. 50～100mA，30～60min　　B. 100～150mA，60～90min

C. 150～200mA，90～120min　　D. 200～250mA，120～150min

⑤ 半干转印技术的主要优点是（　　）。

A. 适用于所有蛋白分子质量　　B. 无须使用转移缓冲液

C. 转印速度快，节省试剂　　D. 可同时转移多个样品

⑥ 蛋白质转印后，膜上出现条纹，可能的原因是（　　）。

A. 转印时间过短　　B. 凝胶厚度不均匀

C. 膜表面被污染　　D. 抗体浓度过高

⑦ PVDF膜在使用前需要用（　　）进行预处理。

A. 乙醇　　B. 甲醇　　C. 丙酮　　D. 超纯水

⑧ 蛋白质转印仪运行过程中，若发现电流异常波动，首先应检查（　　）。

A. 转移缓冲液浓度　　B. 三明治结构是否紧密

C. 电源连接是否稳定　　D. 抗体孵育条件

⑨ 以下（　　）固相膜常用于蛋白质转印。

A. 尼龙膜　　B. PVDF 膜　　C. 醋酸纤维素膜　　D. 透析膜

⑩ 为减少膜上的非特异性结合，转印后的膜需进行（　　）处理。

A. 封闭　　B. 洗涤　　C. 干燥　　D. 染色

（2）判断题

① 蛋白质转印时，凝胶和膜的大小无须一致，只要能覆盖电极即可。（　　）

② 半干转印和湿转印可使用相同的转移缓冲液配方。（　　）

③ 转印完成后，直接将膜放入一抗溶液中孵育，无须封闭处理。（　　）

④ 蛋白质转印仪工作时，可随时打开转印槽检查三明治结构。（　　）

⑤ 若目标蛋白分子质量较小（＜30kDa），转印时间适当延长以确保转印完全。（　　）

（3）讨论题

在 Western blot 实验中，使用蛋白质转印仪后，膜上部分目标蛋白条带缺失，分析可能的原因，并提出相应的解决措施。

本书习题参考答案

参考文献

[1] 杨飏,黄宏,张磊.精密仪器实验室改造设计探索——以某高校医学高端大型仪器设备公共平台项目为例[J].中国医院建筑与装备,2024,25(10):40-45.

[2] 洪睿,郝龙龙,宋辉,等.智慧教育背景下大型仪器设备共享平台安全管理的创新实践[J].中国现代教育装备,2025(7):42-44.

[3] 朱霜霜,吕帆,冯德香,等.基础化学实验室安全问题之化学试剂的正确储存和使用[J].广东化工,2024,51(2):149-150.

[4] 戴崃德,刘峰,傅武胜,等.高效液相色谱法测定婴幼儿配方奶粉中1,3-二油酸-2-棕榈酸甘油三酯[J].食品科学,2024,45(8):265-271.

[5] Ahmadi A, Hosseinzadeh R, Ghani M, et al. Functionalized cellulose paper with tetra carboxylic acid azo-calix 4 arene for thin film microextraction of propiconazole and tebuconazole from fruit samples analyzed by HPLC-UV [J]. Food Chemistry, 2025, 481: 144020.

[6] Gonzaga N, Watanabe L S, de Abreu S S, et al. Development and validation of a novel HPLC-PDA method for the detection of preservatives in milk[J]. Journal of Dairy Research, 2024, 91(4): 465-470.

[7] Hou W, Zhu Y Q, Yang Y J, et al. Loofah sponge-based solid-phase extraction in combination with high-performance liquid chromatography-fluorescence detection (HPLC-FLD) for analysis of bisphenols in environmental water[J]. Journal of Chromatography A, 2025, 1756: 466055.

[8] 徐海燕,谢德文.气相色谱同时测定白酒中18种风味物质与甲醇的方法研究[J].酿酒科技,2025(5):113-116.

[9] 张怡芳.气相色谱法测定食品中脂肪酸组成及其对食品质量的影响[J].现代食品,2025,31(8):170-172.

[10] 艾贤嵩.气相色谱技术在化学计量分析中的应用与误差控制策略研究[J].实验室检测,2025,3(8):5-8.

[11] 刘密新.仪器分析[M].3版.北京:清华大学出版社,2002.

[12] 朱明华,胡坪.仪器分析[M].4版.北京:高等教育出版社,2008.

[13] Rahman J, Camargo A C D, Shahidi F. Phenolic profiles and antioxidant activity of defatted camelina and sophia seeds[J]. Food Chemistry, 2018, 240: 917-925.

[14] Kim B, Woo S, Kim M J, et al. Identification and quantification of flavonoids in yellow grain mutant of rice (Oryza sativa L.) [J]. Food Chemistry, 2018, 241: 154-162.

[15] 赵颖岚,贾方兴,宋亚坤,等.流式细胞术渐进式实验教学模式的探索与实践[J].生物学杂志,2025,42(1):117-121.

[16] Cossarizza A, Chang H D, Radbruch A, et al. Guidelines for the use of flow cytometry and cell sorting in immunological studies (second edition) [J]. European Journal of Immunology, 2019, 49(10): 1457-1973.

[17] Maciorowski Z, Chattopadhyay P K, Jain P. Basic multicolor flow cytometry[J]. Current Protocol Immunology, 2017, 117: 5. 4. 1-5. 4. 38.

[18] Zhu H, Wang Y, Liu Y, et al. Analysis of flavonoids in portulaca oleracea L. by UV-vis spectrophotometry with comparative study on different extraction technologies [J]. Food Analytical Methods, 2010, 3(2): 90-97.

[19] Robin J D, Ludlow A T, Laranger R, et al. Comparison of DNA quantification methods for next generation sequencing[J]. Scientific Reports, 2016, 6: 24067.

[20] Jin, H, Wan Y W, Liu Z. Comprehensive evaluation of RNA-seq quantification methods for linearity[J]. BMC Bioinformatics, 2017, 18(S4): 539-539.

[21] Flory A, Ruiz-Perez C A, Clavere-Graciette A G, et al. Clinical validation of a blood-based liquid biopsy test integrating cell-free DNA quantification and next-generation sequencing for cancer screening in dogs[J]. Journal of the American Veterinary Medical Association, 2024, 262(5): 9.

[22] Liu X X, Hou Y Y, Chen S R, et al. Controlling dopamine binding by the new aptamer for a FRET-based biosensor [J]. Biosensors and Bioelectronics 2021, 173: 112798.

[23] Ding Y Z, Liu J W. Kinetic ITC of DNA aptamers binding for small molecules and implications for binding assays and biosensors[J]. Chembiochem, 2024, 25(15): e202400225.

[24] Hanson E K, Wang C W, Minkoff L, et al. Strategies for mitigating commercial sensor chip variability with experimental design controls [J]. Sensors, 2023, 23 (15): 6703.

[25] Hanson E K, Whelan R J. Application of the nicoya OpenSPR to studies of biomolecular binding: A review of the literature from 2016 to 2022[J]. Sensors, 2023, 23 (10): 4831.

[26] Hou Y Y, Liu X X, Li Y S, et al. Aptamers for nanobodies: A nontoxic alternative to toxic ochratoxin A in immunoassays [J]. Biosensors and Bioelectronics, 2024, 248: 115995.

[27] MAKKAR H P S, MCSWEENEY C S. Methods in gut microbial ecology for ruminants[M]. Dordrecht: Springer, 2005: 105-115.

[28] Wang W J, Wei T A, Shi M N, et al. A novel universal primer multiplex real-time PCR (UP-M-rtPCR) approach for specific identification and quantitation of cat, dog, fox, and mink fractions using nuclear DNA sequences[J]. Foods, 2023, 12(3): 594.

[29] Bustin S A, Benes V, Garson J A, et al. The MIQE guidelines: Minimum information for publication of quantitative real-time PCR experiments [J]. Clinical Chemistry, 2009, 55(4): 611-622.

[30] Lang X P, Wang L, Zhang Z B. Stability evaluation of reference genes for real-time PCR in zebrafish (Danio rerio) exposed to cadmium chloride and subsequently infected by bacteria Aeromonas hydrophila [J]. Aquatic Toxicology, 2016, 170: 240-250.

[31] Rueda M P, Domínguez-Vidal A, Aranda V, et al. Monitoring the composting process of olive oil industry waste: Benchtop FT-NIR vs. miniaturized NIR spectrometer[J]. Agronomy, 2024, 14(12): 3061.

[32] Zheng C M, Li J Q, Liu H G, et al. Rapid and non-invasive estimation of total phenol content and species identification in dried wild edible bolete using FT-NIR spectroscopy [J]. Arabian Journal of Chemistry, 2024, 17 (12): 106011.

[33] Deng G M, Liu H G, Li J Q. Fingerprinting of Boletus bainiugan: FT-NIR spectroscopy combined with machine learning a new workflow for storage period identification [J]. Food Microbiology, 2025, 129: 104743.

[34] Ding Y G, Xiao Y, Shen Y D, et al. Discrimination and evaluation for Coptis deltoidea C. Y. Cheng et Hsiao using FT-NIR spectroscopy, HPLC and finite element analysis coupled with chemometrics tools[J]. Microchemical Journal, 2025, 211: 113091.

[35] 斯子豪,佘武燮,潘丽,等.薄层色谱常用固定相及其在中药鉴别中的应用优势探讨和展望[J].药物分析杂志,2025,45(1):39-50.

[36] 魏家保,唐双燕,谢嘉慧,等.基于薄层色谱和指纹图谱的百合成分差异性研究[J].中国现代中药,2024,26(9):1503-1510.

[37] 张敏,李华,崔景霞.色谱技术在药物分析检测中的应用[J].高科技与产业化,2024,30(11):80-82.
[38] 王秀芹,林彤,江英桥.薄层色谱法标准化操作要点及实例分析[J].中成药,2018,40(7):1655-1659.
[39] Del Bubba M, Checchini L, Lepri L. Thin-layer chromatography enantioseparations on chiral stationary phases: A review[J]. Analytical and Bioanalytical Chemistry, 2013,405(2-3):533.
[40] 杨博文,高倩,徐亚萍,等.基于质构仪检测成品槟榔硬度方法优化及应用分析[J].食品科技,2023,48(3):291-296.
[41] 陈伟,陈建设.食品的质构及其性质[J].中国食品学报,2021,21(1):377-383.
[42] 张秋会,宋莲军,黄现青,等.质构仪在食品分析与检测中的应用[J].农产品加工,2017(24):52-56.
[43] 罗斌,赵有斌,尹学清,等.质构仪在果蔬品质评定中应用的研究进展[J].食品研究与开发,2019,40(5):209-212.
[44] Wu W L, Liu J L, Mari G M, et al. Highly sensitive ELISA for determination of nifursol metabolite in food samples without derivatization: From rational hapten design to molecular recognition mechanism[J]. Food Chemistry, 2025, 486: 144695.
[45] Zhu W Y, Liu Q W, Huang Y H, et al. Insights into effects of processing and food matrices on structure and ELISA detection of sarcoplasmic calcium binding protein[J]. Food Chemistry, 2025, 478: 143718.
[46] Cheng J X, Liang L W, Liu Y J, et al. Expression, purification of codon-optimized ochratoxin A nanobody-GST fusion protein and its one-step immunoassay for detection of OTA in cereal[J]. Journal of Food Composition and Analysis, 2023, 123: 105530.
[47] Liu S X, Cheng J X, Zhang X Y, et al. T5 exonuclease improves the identification of aptamers specific for small molecules from the early screening library[J]. Analytical Chemistry, 2025, 97(15): 8444-8451.
[48] 彭靖.YSI多参数水质监测仪在不同河口咸潮监测中的应用[J].水利科技与经济,2013,19(4):13-15.
[49] 林熙戎.多参数水质仪海洋环境水质监测方法比对测试与研究[J].工业技术创新,2023,10(4):97-105.
[50] 王普泽,宋聃,张尹哲,等.基于水声学评估的博斯腾湖鱼类时空分布研究[J].中国水产科学,2023,30(5):525-532.
[51] Liu F, Zhang H G, Wang Y B, et al. Hysteresis analysis reveals how phytoplankton assemblage shifts with the nutrient dynamics during and between precipitation patterns[J]. Water Research, 2024, 251: 121099.
[52] Zhang X L, Zeng L J, Sun T, et al. Purification of chlorogenic acid from Heijingang potatoes and evaluation of its binding properties to recombinant human serum albumin[J]. Journal of Chromatography B-Analytical Technologies in the Biomedical and Life Sciences, 2019, 1110: 87-93.
[53] Zhang X L, Cheng B J, Liu X X, et al. Screening of α-glucosidase inhibitors from *Houttuynia cordata* and evaluation of the binding mechanisms[J]. Chemistryselect, 2020, 5(28): 8440-8446.
[54] Cao P, Xiang S Y, Liu S X, et al. Isolation of an α-glucosidase inhibitor from *Houttuynia cordata Thunb*. and its in vitro and in vivo hypoglycemic bioactivity[J]. Plant Foods for Human Nutrition, 2024, 79(4): 795-802.
[55] Tian J, Wang X Y, Shi Q X, et al. Isolation and Purification of Kudinosides from Kuding Tea by Semi-Preparative HPLC Combined with MCI-GEL Resin[J]. Current Analytical Chemistry, 2020, 16(7): 914-923.
[56] 李思葳,李佳,臧奕.蛋白质复合物表达纯化技术的研究进展[J].中国细胞生物学学报,2023,45(10):1543-1550.
[57] 朱少瑜.柱层析技术在重组蛋白纯化中的应用[J].当代化工研究,2022(15):114-116.
[58] 胡明娜,韩少伟,张勇,等.2PreS1重组蛋白的表达、纯化及疫苗效果评价[J].中国病原生物学杂志,2024,19(11):1300-1304.
[59] Watanabe M, Kubota H, Wada H, et al. Novel Supercomplex Organization of Photosystem I in Anabaena and Cyanophora paradoxa[J]. Plant and Cell Physiology, 2011, 52(1): 162.
[60] Watanabe M, Iwai M, Narikawa R, et al. Is the photosystem II complex a monomer or a dimer? [J]. Plant and Cell Physiology, 2009(9): 1674-1680.
[61] Kawakami K, Shen J R. Purification of fully active and crystallizable photosystem II from thermophilic cyanobacteria[J]. Methods in Enzymology, 2018, 613: 1-16.
[62] 游庆祥,陶春先,张大伟,等.基于生物芯片的核酸凝胶电泳仪[J].分析测试学报,2018,37(9):1092-1095.
[63] 方大伟,程思陈,明林."DNA片段的扩增及电泳鉴定"实验改进[J].生物学教学,2025,50(1):55-57.
[64] 欧阳津,熊歆,刘霞,等.聚丙烯酰胺凝胶电泳—直接化学发光成像技术检测血清中的低丰度蛋白质[C]// 中国分析测试协会科学技术奖发展回顾.北京师范大学化学学院,2015:255.
[65] 张瑞超,张灿丽,欧阳津,等.聚丙烯酰胺凝胶电泳-化学发光成像技术检测血清中的蛋白与药物的结合[J].分析化学,2009,37(3):235-235.
[66] 陈小钢,黄幼萍,庄江峰,等.基于创新能力培养的荧光显微镜系统综合实验设计[J].实验室研究与探索,2022,41(8):248-252.
[67] 张彦丽,刘冰钰,孙梦依,等.深度学习在荧光显微镜图像增强中的应用[J].现代生物医学进展,2025,25(2):394-400.
[68] Hasegawa S, Maruyama K, Takenaka H, et al. A medaka model of cancer allowing direct observation of transplanted tumor cells in vivo at a cellular-level resolution[J]. Proceedings of the National Academy of Sciences of the United States of America, 2009, 106(33): 13832-13837.
[69] 申通,王硕,李孟,等.深度学习在动物行为分析中的应用研究进展[J].计算机科学与探索,2024,18(3):612-626.
[70] 张超超,田雪松.虚拟现实在实验动物行为分析中的应用进展[J].实验动物与比较医学,2023,43(1):73-78.
[71] Bala M M, Vasundhara D N, Haritha A, et al. Design, development and performance analysis of cognitive assisting aid with multi sensor fused navigation for visually impaired people[J]. Journal of Big Data, 2023, 10(1): 21.
[72] Lopatina O L, Morgun A V, Gorina Y V, et al. Current approaches to modeling the virtual reality in rodents for the assessment of brain plasticity and behavior[J]. Journal of Neuroscience Methods, 2020, 335: 108616.
[73] 王经纬,田景瑞,赵彬,等.CUY21EDIT Ⅱ超级多脉冲活体/细胞电转化仪转染外源基因至神经干细胞的优化方案[J].神经解剖学杂志,2015,31(3):322-326.
[74] 杜薇,邢晏铭,刘蒲临,等.一株易转化、高生物量地衣芽孢杆菌的筛选与鉴定[J].生物技术通报,2024,40(9):181-189.
[75] 方锦文,严良烽.免疫印迹法测定血清总IgE、过敏原特异性IgE在过敏性疾病过敏源筛查中的应用效果[J].江西医药,2024,59(05):456-459.
[76] 张旭东,向莉,李启亮,等.荧光酶联免疫法和免疫印迹法检测过敏原特异性免疫球蛋白E一致性分析[J].标记免疫分析与临床,2024,31(01):151-156.
[77] Tabernero A, González-Garcinuño Á, Cardea S, et al. PVDF-based membranes in biotechnology[J]. Separation and Purification Technology, 2025, 365: 132636.
[78] Wang J, Li X M, Lei H T, et al. Selection of DNA aptamers for detecting metronidazole and ibuprofen: Two common additives in soft drinks[J]. Analyst, 2024, 149(22): 5482-5490.
[79] Zou L, Liu Y, Liu J W. Capture-SELEX of DNA aptamers for label-free detection of epinephrine and norepinephrine in urine[J]. Biosensors and Bioelectronics, 2025, 279: 117392.